KB068601

백종원의 肉_육

돼지고기 편

한 권으로 마스터하는 육류 사전

백종원의 肉_육

백종원 지음

돼지고기편

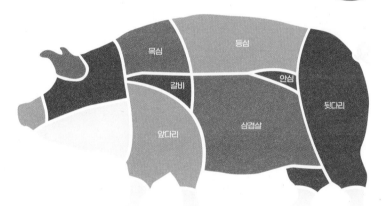

RHK
알에이치코리아

prologue

《백종원의 肉 - 돼지고기 편》은 돼지고기를 맛있게 즐기고 싶은 분, 맛있는 돼지고기 요리를 만들고 싶은 분, 돼지고기에 대해 제대로 공부하고 싶은 분들에게 조금이나마 도움이 되길 바라며 쓴 책이다. 무엇보다 '돼지고기'가 생각날 때마다 언제든지 곁에 두고 편히 꺼내 볼 수 있는 책을 만들고자 했다.

이 책은 이전에 출간되었던 《백종원의 肉》의 돼지고기 파트를 대폭 보강하여 새로 펴낸 것이다. 《백종원의 肉》이 2013년 4월에 출간된 이래, 벌써 만 8년이 넘는 세월이 흘렀다. 당시 고기에 관해 비전문가였던 내가 그 책을 처음 펴냈던 것은 고기에 대한 연구와 논의가 각계의 더 많은 분들의 참여 속에 활발하게 이뤄지고, 고기를 전문적으로 다룬 훌륭한 정보서가 출간되기를 바라는 마음에서였다.

그간 돼지고기의 생산 및 소비와 관련하여 많은 변화가 있었다. 이베리코 등 프리미엄 돼지고기가 들어왔고, 돈마호크로 대표되는 새로운 부위에 대한 인식과 소비도 확산되었다. 이 모두가 돼지고기 산업의 발전과 저변 확대를 위해 많은 이들이 노력한 결과라고 본다. 학계, 업계 나아가 유튜버까지 돼지고기의 새로운 가능성과

그동안 알려지지 않았던 지식과 정보를 전파하고자 함께 연구했다. 이러한 결과물이 축적됨으로써 고기에 대한 대중의 소비문화가 보다 윤택해질 수 있었다. 그러나 이러한 변화에도 불구하고, 고기에 대한 폭넓은 정보를 제공하는 책은 여전히 충분하지 않다고 여겨진다.《백종원의 肉 - 돼지고기 편》을 부족하지만 다시금 용기 내어 새로이 펴내는 것은 이러한 이유에서다.

고기에 대해 많이 알면 알수록 우리가 느끼는 맛도 달라진다. 해당 고기가 어느 부위에서 나오는지, 그 부위의 운동량과 지방 함량 등을 소비자가 이해할수록 머릿속으로 느껴지는 맛은 달라질 수밖에 없다. 정육업계에 종사하는 분들 역시 마찬가지다. 그분들의 더욱 깊고 넓은 식육 지식을 바탕으로 특정 부위육의 새로운 상품화 방법을 연구 개발하면, 소비자에게 더 좋은 방향을 제안하는 발전을 이룰 수 있지 않을까 싶다.

항정살을 예로 들어 보자. 이 부위가 목덜미살에 해당된다는 것을 알 때, 돼지가 사료를 먹기 위해 무수히 많은 운동을 하는 부위의 근육이라는 점을 이해할 때, 지방층은 어떻게 이루어졌는지를 연상할 수 있을 때 혀와 머릿속으로 느껴지는 항정살의 쫄깃함은 다르다. 나아가 항정살에 대한 깊은 이해를 바탕으로, 이를 상품화하는 새로운 방법도 등장했다. 이전에 항정살의 상품화는 껍질을 벗겨낸 다음 두터운 지방층을 깎아내어 얇은 판자 모양으로 정형하는 게 일반적인 방법이었다. 하지만 구이용으로 항정살이 인기를 모으면서 껍질과 지방층이 남아 있는 미박 항정살로 정형하고 상품화해 이겹살 형태로 제안하기에 이르렀다.

돼지고기 산업을 이야기할 때 늘 화두로 비인기육 또는 비선호 부위의 소비 활성화 방안이 떠오른다. 삼겹살, 목살 등은 인기가 많지만 나머지 부위는 소비되지 않고 적체되기 때문이다. 사실 이 문제는 결코 단기적으로 해결될 수 없다. 시간을 가지고 장기간에 걸쳐 노력해야 될 사안이라 생각한다.

외국에서는 선호되는 부위가 왜 국내에서는 비선호육이 되는 것일까. 이는 식문화 내지 조리 방법의 차이에서 비롯된다. 오븐 조리를 바탕으로 하는 서양과 달리, 우리나라는 테이블에서 바로 구워 먹는 직화구이 문화가 발달되어 있다. 저렴하게 가정에서 고기를 구울 수 있는 휴대용 가스버너의 보급은 이러한 직화구이 문화를 발전시키는 데 큰 기여를 했다. 프라이팬에서 고기를 구워 먹기 위해서는 지방이 적절하게 섞여 있는 부위가 적당했다. 이러한 이유로 삼겹살이나 목살이 인기를 끌게 되었다.

만약 우리에게 새로운 방식의 조리 기구나 조리 방법이 있었다면 양념이 잘 배어드는 등심육이나 앞다리살과 뒷다리살 같은 양념구이용 부위가 오히려 인기를 모으게 되었을 것이다. 서구의 프로슈토나 하몽, 중국의 금화햄 같은 통햄 문화도 돼지고기 부위별 소비 선호도에 큰 영향을 미쳤다. 통햄처럼 뒷다리를 통째로 장기간 발효 숙성하여 새로운 가치와 맛을 만들어 내는 육가공 방법이 우리에게도 있었다면 어찌 되었을까 상상해 본다.

조리 방식의 변화와 함께 소비자의 인식도 달라져야 한다. 소고기를 조리할 때는 미디엄, 웰던, 레어로 익힘의 정도를 달리하는 반면 '돼지고기는 무조건 바짝 익혀 먹어야 한다'는 선입견이 일반적이다. 이 익혀 먹는 패턴만 바뀌더라도 돼지고기의 무한 변신이 가능하다. 사실 이러한 선입견은 예전에 돼지를 키우면서 음식 찌꺼기 등을 먹임으로써 기생충에 감염될 수 있다는 데서 비롯된 것이다. 하지만 이 기생충 문제는 이미 해결된 지 오래다. 돼지고기도 소고기처럼 미디엄 등으로 조리해 먹을 수 있다. 돼지고기를 미디엄으로 조리해 먹어도 문제없다는 인식이 일반화된다면 많은 비선호 부위가 인기육으로 급부상할 수 있을 것이다.

대표적인 것이 등심이다. 등심의 소비자 선호도가 떨어지는 이유는 바짝 조리했을 때 식감이 뻑뻑해지기 때문인데, 미디엄으로 조리하면 이 문제를 간단히 해결할 수 있지 않을까 생각한다. 뿐만 아니라 등심은 저지방육이고 가공하기도 편리하며 심지어 가격도 저렴하다. 정육업계는 조리 용도에 맞는 적당한 부위를 제시하고 다양한 상품을 개발해 내야 한다. 찌개용, 카레용, 볶음용 등 활용도에 맞는 저렴하고 좋은 부위의 고기를 소비자에게 알려 줘야 할 필요가 있다. 이것이 바로 '돼지고기의 현명한 소비'다.

《백종원의 肉 - 돼지고기 편》은 돼지고기의 현명한 소비를 위한 가장 기초적인 지침서다. 각 부위육의 상품화 방법에 대한 연구, 조리법 개발, 소비자의 인식 개선 등 앞으로 더욱 많은 연구와 노력이 필요한 과제 해결에 훌륭한 식견을 가진 전문가분들이 활발하게 참여하게 되기를 기대한다. 또 돼지고기를 좋아하는 수많은 소비자에게 이 책이 작은 보탬이자 마음 든든한 정보서가 되길 바란다. 미흡하지만 이 자그마한 밭에 뿌려진 여러 전문가분들의 식견이 담긴 씨앗이 앞으로 크게 자라나 숲을 이룰 수 있기를 소망한다.

일러두기

돼지고기의 부위별 분할 및 정형은 식약처 고시에서 정한 기준을 따릅니다.
다만 그 구체적인 순서와 방법은 작업하는 업체마다 차이가 있어,
이 책에서는 서울 마장동축산물시장의 육가공업체에서
주로 작업하는 방식을 따랐습니다.

《백종원의 肉 – 돼지고기 편》 감수

김태경 건국대학교 미트컬처비즈랩 부소장
문성실 (주)선진 선진기술연구소 농학박사
진상훈 축산물위생교육원 교수
이위형 前 머크식육기술센터 소장
조영수 동양플러스(주) 대표
김순범 (주)태양축산 대표
최영일 초이스미트(주) 대표

유관 기관

축산물품질평가원
한돈자조금관리위원회

contents

Part 1

맛있는 돼지고기를 얻기까지

Part 2

돼지 부위별 분할과 상품화 요령

전구 발골 및 분할

중구 발골 및 분할

후구 발골 및 분할

Part 3 고기만큼 맛있는 부산물 활용법

부록

맛있는 돼지고기를 얻기까지

맛있는 돼지고기는 좋은 품종의 돼지에게 좋은 먹이를 먹이는 한편, 위생적이고 안전한 관리를 통해 만들어진다. 좋은 품종의 돼지를 선정하는 기준은 육질과 경제성이다. 최근에는 돼지고기 소비 수준이 높아지면서 품질의 차별화를 위한 육질을 중요시하는 추세다. 소비자들이 생각하는 '맛있는 돼지고기'는 얼마나 부드러운지(연도), 풍미가 있는지(향미), 육즙이 많은지(다즙성)에 따라서 결정된다.

돼지는 예민해서 스트레스를 잘 받는다. 사육 단계에서 쾌적한 환경을 제공해 주지 않으면, 수송 단계에서 온도와 밀도, 운송 시간을 조절하지 않으면, 도축장에 도착해 적절히 계류하지 않으면, 도축을 위해 몰아가는 과정이 올바르지 않으면 돼지는 심한 스트레스를 받고 그 결과 고기의 품질이 떨어지기 때문에 한마디로 '잘 모셔야' 한다.

2014년부터 전면 시행된 '돼지고기 이력 제도'는 돼지고기의 원산지 허위 표시나 둔갑 판매 등을 방지하기 위해 마련된 제도다. 소비자는 돼지고기의 포장지 라벨에 표시된 이력번호를 간편히 조회해 거래 단계별 다양한 정보를 확인 후 안심하고 구매할 수 있다.

돼지의 다양한 품종

돼지의 품종은 전 세계적으로 1,000여 종이 있다. 그중 상업적으로 육성되는 품종은 40여 종에 이른다. 우리나라에서 사육하는 돼지는 대개 세 종류의 품종을 교잡해 만들어낸 삼원교잡종^{YLD, Yorkshire-Landrace-Duroc}이다. 삼원교잡종은 품종 또는 계통 간의 교배를 통해 얻어낸 새끼가 양친의 평균 능력을 넘어서게 되는 '잡종 강세 효과'를 활용한 생산 방식이다. 즉, 모계로 랜드레이스^{Landrace}와 요크셔^{Yorkshire}를 교잡하고, 부계로 듀록^{Duroc}을 이용한 종이다.

축산농가의 입장에서 좋은 품종은 새끼를 많이 낳고, 탈 없이 잘 자라며, 아무거나 잘 먹고, 먹는 족족 살로 가면서 쑥쑥 크는 돼지일 것이다. 나아가 고기 맛도 좋으면 금상첨화다. 하지만 이러한 품종의 돼지는 없다. 따라서 오랜 기간에 걸쳐 각 품종의 돼지를 교배시키면서 서로가 가지는 좋은 유전 형질을 고착화하는 품종 개량을 진행해 왔다. 삼원교잡종처럼 말이다.

돼지 품종을 개량할 때 생산성을 우선시하는 건 당연하다. 사료 값도 만만치 않다. 예를 들어, 하루에 돼지 한 마리가 먹는 사료의 가격이 100원이라고 치자. 대개 양돈 농가에서 700~1,000마리의 돼지를 사육하므로, 하루에 농가에서 감당해야 하는 사료 값만 7만 원에서 10만 원이고, 이게 열흘이면 100만 원이 된다. 대충 계산한 것이 그렇고, 실제 농가에서 부담해야 할 금액은 엄청날 것이다. 그러니 단 하루라도 빨리 키워서 출하하고 싶은 건 인지상정이다.

돼지의 품종은 주된 쓰임새에 따라서 크게 육용형^{Meat type}, 가공형^{Bacon type}, 지방형^{Lard type}으로 나뉜다. 하지만 지속적인 품종 개량을 거치면서 그 중간 유형도 있고, 최종 품종과 달리 다른 형으로 옮겨간 품종도 있다.

육용형

육용형은 일반적으로 고기 양이 많고 결이 부드러운 편이다. 지방질과 살코기가 적당한 비율로 섞인 맛 좋은 고기를 생산한다. 긴 몸통에 뒷다리가 잘 발달해 품종개량을 할 때 주된 목표가 되는 형태기도 하다. 육용형 개량종은 재래종에 비해 고기 질이 좋을 뿐만 아니라 사육비도 20% 이상 절감된다.

가공형

베이컨 타입으로도 불리는 가공형은 삼겹살 부분이 길어 육량이 많은 반면, 지방 비율이 적어 베이컨, 햄 등 가공용에 적합하도록 개량된 품종이다. 생육이 좋고 몸통이 길며 뒷다리^{Ham} 부위가 발달된 형태를 지닌다. 색이 붉고 지방이 얇은 고기를 생산한다. 랜드레이스, 웰시^{Welsh} 등이 여기에 속한다.

지방형

지방형은 지방 축적이 활발하고 성장이 빠른 특징을 지닌다. 중국 원산의 돼지 대부분이 지방형이다. 미국에서 돼지 품종 유형은 전통적으로 지방형$^{Lard type}$과 가공형 $^{Bacon type}$으로 분류되었다. 지방형 돼지는 요리에 쓰이는 지방과 기계의 윤활유에 쓰이는 라드^{Lard}를 생산하기 위해 키워졌다. 이 품종은 대체로 몸집이 작고 뚱뚱하며 다리가 짧다. 옥수수로 급속히 살을 찌워 고기에 두꺼운 비계가 있다.

육종가들은 콩과 곡물, 유제품 부산물 등 단백질이 많고 열량이 낮은 사료를 먹여, 돼지를 더 천천히 성장시키고 지방보다 근육이 더 불어나도록 키웠다. 제2차 세계대전 이후, 식물성 기름 등을 추구하는 식생활의 변화와 석유 화학 산업의 발전이 라드에 대한 기존 수요를 급속히 감소시켰다. 육종가들은 이러한 시장 변화에 대응해 옥수수를 먹였을 때 비계보다 근육이 불어나는 돼지 품종에 집중했다. 당시 이미 널리 퍼져 있었고, 품종 개량을 위한 유전적 다양성을 지닌 듀록, 햄프셔, 폴란드 차이나, 요크셔 등이 주목받게 되었다. 반면 지방형 돼지 품종은 점차 사장되었다.

오늘날 전 세계적으로 주로 이용되는 돼지 품종은 무엇이고 각각 어떤 특징이 있는지 알아보자.

체스터화이트

폴란드차이나

햄프셔

듀록

삼원교잡종(YLD)

세계의 주요 돼지 품종

요크셔

영국 요크셔와 랭커스터 지방이 원산지다. 영국에서는 라지 화이트^{Large White}라고도 불린다. 본래 화이트종에도 대형, 중형, 소형이 있었으나 그중에서 대형종인 라지 화이트가 널리 보급되었다. 이를 미국과 캐나다에서는 '요크셔'라 부른다. 요크셔종은 과거에는 베이컨형^{Bacon type}으로 육성되었으나, 근래에는 육용형^{Meat type}으로 개량되어 육질이 양호하다.

털색과 피부색은 백색이고, 큰 귀는 직립해 전방을 향하고 있으며, 주둥이는 뻗어 있다. 완전히 성숙했을 때 체중이 300~370kg으로 돼지 중 가장 큰 대형종이며, 빨리 자랄 뿐만 아니라 번식 능력이 뛰어나 국내에서 가장 많이 사육되는 품종이다. 또한 기후 풍토와 질병에 대한 저항력이 강하다. 체형이 크고 다리가 튼튼해 임신돈 관리가 쉬워 교잡종으로 생산할 때 모계 순종 돈으로 사용된다.

랜드레이스

머리가 작고 귀가 앞쪽으로 기울어진 모양새를 지녔다. 랜드레이스와 라지 화이트를 교배한 모돈에 랜드레이스 수퇘지를 교배하는 방식으로 오랜 기간 개량해 만들어졌고 1895년에 품종으로 인정되었다. 덴마크 정부의 노력이 이 품종을 개량하는 데 크게 기여했다.

랜드레이스는 비계 층이 얇은 살코기형 돼지

로 계속 개량되어 우수한 베이컨을 생산하지만, 질병에 약하고 피부병에 잘 걸리는 단점이 있다. 다산성에 새끼도 잘 기르는 등 번식과 포유능력이 우수한 반면, 다른 품종에 비해 다리가 튼튼하지 못하다는 결점도 지닌다.

랜드레이스 품종의 우수성이 널리 알려짐에 따라 덴마크 정부는 한때 생돈 수출을 금지했다. 그로 인해 북유럽의 여러 나라에서는 덴마크 랜드레이스종에 각국의 재래종을 누진 교배해 약간씩 다른 형태의 랜드레이스를 만들어내게 되었다. 각 나라에서 개량한 랜드레이스가 범람하게 되었는데, 이를 구별하기 위해 해당 국가에서 개량한 품종에는 영국계, 미국계, 프랑스계 랜드레이스 등 나라 이름을 붙인다.

우리나라에는 1962년 일본으로부터 스웨덴계 랜드레이스가 처음 도입되어 1963년 국립 축산시험장에서 버크셔, 랜드레이스, 햄프셔 등 세 가지 품종의 종돈에 대한 능력검정을 시행했다. 이때부터 랜드레이스의 우수성이 입증되어 국내에 널리 보급되기 시작했다. 이전까지 국내 농가에서는 흑색 돼지를 선호하고 백색 돼지 사육을 꺼렸으나 점차 랜드레이스가 생산성이 좋다는 점이 입증되면서, 국내 돼지 색이 검정색에서 흰색으로 빠르게 탈바꿈해 이른바 '백색 혁명'을 이루게 되었다. 현재 요크셔종과 함께 국내에서 가장 호평받는 품종이다.

랜드레이스는 평균 10~13마리의 새끼를 낳고 잘 키우는 능력이 있어 삼원교잡종 생산 시 1대 잡종(F1)의 종돈으로 자주 쓰인다.

▌체스터화이트

원산지는 펜실베이니아주의 체스터 지방이다. 1820년경 영국에서 도입된 요크셔, 링컨셔, 베드포드셔 등 백색 계통의 돼지를 교배해 육성되었다. 1848년부터 품종이 어느 정도 고정되어 '체스터카운티화이트'로 불렸다. 이후 명칭이 체스터화이트로 바뀌었다. 1884년에 품종등록협회가 창설되었다. 1918~1925년 사이에 이 품종의 일부 무리에서 요크셔종과의 교잡이 이루어졌으며, 이 교잡을 통해서 체스터화이트종의 체격과 체형이 개량되었다.

털색은 백색이고, 머리는 중등 정도이며, 귀가 약간 내려와 드리운 것이 요크셔종과 다르다. 완전히 성숙한 체스터화이트의 체중은 암컷 210kg, 수컷 270kg 정도이다. 조숙성이나 성장률이 빠른 편은 아니며 온순하고 번식력이 양호하다. 또 환경 적응이 뛰어나고 암컷의 임신율이 높다. 육용형 돼지 개량에 활발히 사용되는데 주로 모계로 이용된다.

▌듀록

털색이 붉은색인 품종으로 '듀록 저지Duroc Jersey'라고도 부른다. 이 품종은 뉴저지에서 사육되던 적색 대형종인 저지레드종과 뉴욕주에서 사육하던 적색의 듀록종을 조직적으로 교잡해 만들어졌다. 따라서 원산지는 미국의 뉴저지 및 뉴욕주로, 미국의 아이오와주와 일리노이주에서 많이 사육된다.

털색은 담홍색으로부터 짙은 적색에 이르기까지 여러 가지다. 듀록은 대형 종에 속하는데 몸길이는 보통이며 귀가 앞쪽으로 곧추서서 그 끝이 아래쪽으로 처져 있다. 다리가 다른 품종에 비해 튼튼하며, 하루에 체중이 늘어나는 양(일당증체량)과 사료이용성(사료효율)이 양호하다.

듀록종의 번식 능력과 포육 능력은 그다지 높지 않다. 하지만 성장률이 좋고 기후 풍토에 대한 적응력과 피부병에 대한 저항성이 강하며, 다리가 다른 품종에 비해 튼튼하다. 목초를 좋아하고 조사료의 이용성도 양호해 방목에도 적합한 품종이다. 육질 개량을 위해 삼원교잡종을 생산할 때 수컷 품종으로 자주 쓰인다. 현재 우리나라에서 요크셔종과 랜드레이스종 다음으로 많이 사육되고 있다.

1950년대 이후 국내에 도입된 듀록은 고기 색이 진하며 근내지방이 많이 함유되어 마블링이 뛰어나고 식감 또한 우수하다. 특히 뒷다리 부위가 충실하고 등심이 굵으며, 부드러운 육질과 뛰어난 감칠맛을 가지고 있다.

▌버크셔

버크셔^{Berkshire}는 털색이 검고 코, 다리, 꼬리는 백색이어서 '육백六白'이라고도 부른다. 원산지는 영국 버크셔 지방이며 돼지 품종 중에서 비교적 일찍 개량된 품종이다.

1786년부터 1860년까지 4회에 걸쳐 대흑종^{Large Black}에 중국종, 인도종, 시암종, 네오폴리탄종, 서픽^{Suffolk}종 등을 교배한 다음, 순종교배를 통해 고정되어 품종으로 인정되었다. 국내에는 1920년대에 일본을 통해 들어왔다. 과거 국내 전체 사육두수의 70~80%를 점유할 정도로 주류를 차지했던 적도 있었다.

몸 형태는 귀가 바로 서 있고 안면이 위로 구부러져 있다. 네 다리가 비교적 짧고 가슴 부위가 충실하다. 완전히 성숙했을 때의 체중이 200~250kg 정도인 중형 종으로, 체질이 튼튼하고 조사료의 이용성도 비교적 양호한 편이다.

반면, 한 배에 낳는 새끼 수가 7~9마리로 많지 않고 새끼를 기르는 능력도 요크셔종에 비해 떨어진다. 또한 성장이 늦으며 지방층이 두텁게 형성되는 단점으로 인해 사육하는 곳이 거의 없어지다시피 했다. 최근 들어 육질 개량용으로 다시 주목받고 있다. 고기 색이 일반 개량종에 비해 선명한 붉은색을 띠며 육질이 굉장히 부드럽다.

▌햄프셔

햄프셔^{Hampshire}는 영국의 햄프셔 지방에서 도입되었지만 원산지는 미국의 켄터키 및 매사추세츠 지방이다. 1904년 햄프셔 등록 협회가 구성되었다. 햄프셔종이라고 불리기 전까지 신린드^{Thin Rind}, 새들백^{Saddleback}, 링미들^{Ring Middle}종이라고 불렸다.

검은색 바탕에 어깨와 앞다리에 백색 띠

를 두르고 있는 게 특징이다. 등지방이 얇고 체지방량이 적으며 육질이 우수하다. 국내에는 1950년대에 도입되었는데, 형질에 대한 유전력이 높아서 다른 품종과의 교잡 시에 부계용 종돈으로 쓰였다. 반면 새끼를 낳는 능력, 즉 산자력이 랜드레이스나 요크셔종에 비해 떨어지고 도축 후 PSE육 발생과 같은 도체의 품질이 떨어진다는 단점이 있다. 1970년대에는 랜드레이스, 버크셔, 햄프셔의 삼원교잡종이 가장 우수한 품종으로 선정될 정도였으나 육용형Meat Type으로 돼지에 대한 선호도가 바뀌면서 사육이 크게 줄어들었다.

▌폴란드차이나

폴란드 차이나Poland China종의 기원은 미국 오하이오주다. 재래종에 대형 중국종, 러시아종, 아일랜드종, 버크셔종 등을 교잡해서 만들어낸 품종이다. 1872년에 폴란드 차이나종이라는 이름이 붙여졌다. 본래 지방형의 대형 체형을 가졌으나 1930년경부터 지방형과 가공형의 중간 형태로 개량되었고, 근래에 다른 품종과 같이 육용형으로 개량되고 있다. 현재는 몸 전체가 길어지고 다리 길이도 알맞게 개량되었다. 육질이 좋아 햄의 품질이 뛰어나며 새끼도 잘 낳는다.

버크셔처럼 검은 바탕에 다리, 꼬리, 코 등이 하얀 '육백' 특성이 있어 혼동하기 쉬우나, 안면이 곧고 귀가 중간에서 꺾여 있으며, 등선이 더욱 활 모양을 하고 있어 구별된다.

이베리코

스페인의 흑돼지 품종이다. 소처럼 방목해 도토리를 먹여 키우는 돼지로 소비자 이미지가 형성되어 있다. 이베리코 돼지고기는 '세보 Cebo', '세보 데 캄포Cebo de Campo', '베요타Bellota' 등 세 가지 등급이 있다. 이 등급 분류는 생햄인 하몽을 만드는 원료 육을 위한 것으로, 도축 이후 하몽의 원료가 되는 앞·뒷다리에 대해서만 라벨을 표시한다. 생육에서는 별도로 구분하지 않는다.

세보는 교배종으로 생후 약 10개월까지 곡물 사료를 먹여 키운다. 방목을 하지 않고 축사에서 사육하기 때문에 이베리코 돼지고기의 특징으로 널리 알려진 도토리 먹이와 방목의 이미지와는 거리가 멀다. 생산량은 전체 이베리코의 약 80%를 차지한다.

세보 데 캄포는 50% 교배종(모계는 100% 순종, 부계는 이베리코가 아닐 경우)으로 생후 12개월까지 키우는데, 2개월 이상 축사와 방목을 병행해 올리브유를 섞은 사료를 급여한다.

가장 높은 등급인 베요타는 순종 이베리코 돼지를 17개월 넘게 키운 것이다. 특히 도토리가 떨어지는 10월에서 3월까지 3개월 이상 자연 방목했을 때 주어진다. 이베리코 중에서도 상위 1%에 해당된다. 도토리에 함유된 올레인산 성분으로 인해 고기에 특유의 풍미가 있고 농축된 감칠맛이 특징이다. 베요타 중에서도 100% 순종 이베리코를 22개월 이상 방목해 사육했을 때 최고 등급인 '블랙 라벨'이 부여된다. 75% 교배종(모계 100% 순종, 부계 50%)을 17개월 이상 방목해 키우면 '레드 라벨'의 등급이다.

체중이 160~180kg에 도달할 때까지 완전히 키워서 도축하기에 이베리코는 지방층이 두터운 대신 근육 내 마블링이 우수하다. 지방이 많아서 제한적으로 수입되며 삼겹살, 목살과 등갈비 부위의 인기가 국내에서 높다.

* 출처 : 축종별 품종해설(국립축산과학원), 'Breeds of Livestock – Swine Breeds' (Oklahoma State University)

우리의 돼지 품종

재래 흑돈(토종 돼지)

    우리나라의 돼지 사육 기원은 기원전 2000년까지 거슬러 올라간다. 학계에 따르면, 고조선 시대에 한민족이 내려오면서 중국의 북방 대륙에서 가축으로 순치한 집돼지도 따라 내려온 것으로 추측된다. 당시 만주 지방에서 사육되고 있던 대형, 중형, 소형의 돼지 중 소형 재래종이 남하한 것으로 본다. 우리 전통의 재래 돼지는 굉장히 크기가 작은 것으로 알려지는데, 일본 식민지 시기의 기록인 '권업모범장 성적요람(1923년)'에는 다 성장해도 22.5~23.5kg에 그칠 정도로 극히 왜소하다고 적혀있다.

    《조선농업연감》,《조선농업편람》등 문헌을 통해 살펴본 우리 재래종 돼지는 몸 전체의 털 색깔이 검은색인 흑돼지이다. 털이 거친 조강모이며, 얼굴은 좁고 길며 귀는 작고 앞으로 향하여 서있다. 코 주위에 세로 주름이 있고, 몸통이 팽대하고, 배가 처지고, 옆구리에 주름이 있다. 또 몸길이가 짧고, 엉덩이 부위가 좁으며, 살집이 없고 등선 뒷부분에서 꼬리 부위까지 경사가 심하게 진 생김새다.

    재래 돼지는 새끼를 평균 5~8마리 정도로 적게 낳는데 발육이 저조해 100일령 체중이 25.5kg 정도다. 재래 돼지의 비육돈 출하 체중인 70kg에 도달하는 데 185일 정도가 걸린다. 일반 돼지인 삼원교잡종 YLD가 같은 기간 동안 110kg 넘게 성장하는 것과 비교하면 매우 느리게 자라는 셈이다.

순수 혈통의 재래종 돼지는 거의 멸종 상태에 가까운 형편이다. 1920년대, 버크셔종이 첫 외래종으로 도입되자 일본은 누진 교배를 실시했다. 이로 인해 자연스럽게 교잡종이 사육되기 시작했다. 해방 이후 랜드레이스, 요크셔, 듀록, 햄프셔 등의 품종이 도입되면서 재래종의 사육두수가 급격히 감소하고, 교잡종이 범람하게 되었다.

현재 사육되고 있는 재래 돼지들은 과거에 버크셔종과 교잡된 상태인 것이 주종을 이룬다. 몸에 흰색 반점이나 흰 털이 산재한 경우가 많고 특히 얼굴 모양이 버크셔처럼 오목하게 굽어있거나 길이가 짧고 코끝에 흰색 반점이 많이 나타나는 경향이 있다.

1988년 이후 축산시험장에서는 재래 돼지의 유전자원 보존 및 순종 복원을 위해 전국에 남아 있는 재래 돼지 사육 실태를 조사하고, 제주도 축산개발사업소(현 제주도 축산진흥원)에서 재래 돼지를 수집해 증식하는 등의 연구를 진행하였다.

재래 돼지의 사육이 교통이 불편하고 정보 교환이 불리한 산간 지대와 섬 지방에서 계속적으로 이루어졌을 것으로 추정해, 경기도 강화도 지방의 '강화돈', 경북도 김천 지례 지방의 '지례돈', 경남 사천 지방의 '사천돈', 전북 정읍 지방의 '정읍돈', 제주도 지방의 '제주돈' 등의 사례를 수집하고 연구했다.

재래 돼지의 등록과 심사는 고전 문헌에서 조사된 외모 형태적 특성을 재래 돼지 순종 복원을 위한 선발 기준으로 사용하고 있다.

재래 돼지 순종 복원과 개량에 힘쓰는 이유는 우리나라 사람의 입맛에 가장 잘 맞는 장점이 있기 때문이다. 등지방 등 비계가 단단하고 흰색으로 고소한 데다가 고기 맛이 담백하고 육질이 우수하다. 근섬유가 가늘고 수도 많아 쫄깃한 특성이 있다. 게다가 질병에 대한 저항력과 기후 변화에 대한 적응력이 좋고, 거친 사료도 잘 먹고 잘 크는 장점이 있다.

재래 돼지의 대표 격인 제주 흑돼지는 2015년에 천연기념물 제550호로 지정되었다. 제주 흑돼지의 보존을 위해 제주축산진흥원에서 순종 혈통을 찾아 샅샅이 뒤진 결과, 1986년 우도에서 고작 5마리의 순종을 발견하게 되었다.

1986년에 제주축산진흥원에서 간신히 찾아낸 순종 제주 흑돼지는 암컷이 네 마리, 수컷이 1마리였다. 이중 수컷에 '김문'이라고 이름을 붙여 주고 번식을 거듭한 결과, 350여 마리까지 늘리는 데 성공했다. 제주축산진흥원은 종 보존을 위해 적정 사육두수인 250마리를 유지하고 나머지는 일반 농가에 분양하고 있다.

천연기념물인 제주 흑돼지는 제주축산진흥원에서 관리하는 개체만 해당된다. 그 외 적정 두수를 넘어서 민간에 분양하는 돼지는 천연기념물이 아니기 때문에 도축해 식용하는 것이 가능하다.

▌우리 흑돈(토종 돼지 개량종)

'우리 흑돈'은 2015년 농촌진흥청 국립축산과학원이 우리나라 고유 재래 돼지인 '축진참돈'과 개량종인 '축진듀록'을 활용해 개발한 흑돼지 품종이다. 재래 돼지 고유의 맛을 유지하면서도 성장능력을 보완한 합성 돼지이다.

'우리 흑돈'은 재래 돼지와 듀록 종과의 교차교배를 통해 재래 돼지 혈액비율을 38%로 고정시켜 균일한 새끼 돼지 생산이 가능하며, 개량종 돼지나 일반 흑돼지와 비교하여 육질과 성장 능력이 뛰어나다는 특징을 지닌다. 개량종 돼지보다 혈색이 붉고, 고기 단백질의 결합 정도를 나타내는 보수력이 우수하고, 조리 시 손실도 적은 데다가 향미도 뛰어나다.

국립축산과학원이 개발한 또 다른 재래 흑돼지 개량 품종으로 '난축맛돈'이 있다. '난축맛돈'은 제주 재래 돼지와 번식 능력이 우수한 랜드레이스 품종을 이용해 개발한 것으로, 내륙의 재래 돼지와 성장 능력이 좋은 듀록 품종을 이용한 '우리 흑돈'에 비교된다. '난축맛돈'은 저지방 부위에도 근내 지방이 높으며, 소비자 기호도 평가에서 맛의 차별화를 이뤘다는 평가를 받고 있다.

맛은 좋지만, 성장이 엄청 느리고 체구가 작다는 재래 흑돼지의 단점을 보완하기 위한 품종 개량의 노력은 다각도로 진행되어 왔다. 그중 검은 털을 지니고 있는 버크셔와의 교배를 통한 개량이 주종을 이룬다. 버크셔는 근섬유가 가늘어 고기가 연하고 쫄깃하며, 마블링이 매우 우수하다는 특징을 가진다. 반면 지방이 두텁기 때문에 정육 량이 적어지고, 비계에 대한 소비자의 호불호가 갈린다는 단점이 있으나, 재래 돼지 고유의 맛을 유지하면서 성장 능력을 보완했다는 강점이 있다.

* 출처 : 국립축산과학원

삼원교잡종

삼원교잡종 YLD(일반 돼지)

대부분의 축산농가에서 사육하는 돼지는 세 종류의 품종을 교잡해 만들어낸 삼원교잡종이다. 삼원교잡종은 우수한 유전적 특징을 지니는 두 종류의 돼지 암·수를 교배해 1대 잡종을 만들고, 이를 또 다른 품종의 수컷 돼지와 교배함으로써 세 가지 품종의 장점을 모두 지니는 새로운 품종을 만드는 방법이다.

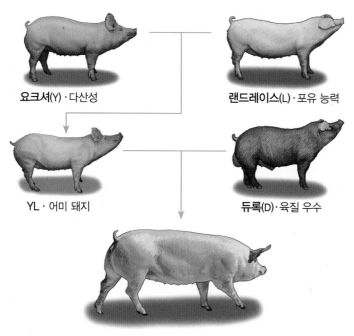

요크셔(Y)·다산성　　　　랜드레이스(L)·포유 능력

YL·어미 돼지　　　　듀록(D)·육질 우수

YLD·일반 돼지

삼원교잡종에 쓰이는 돼지 품종은 1970년대 초반까지 랜드레이스, 버크셔, 햄프셔종이 대세였으나, 지금은 랜드레이스와 요크셔, 듀록이 주종을 이루고 있다. 새끼를 잘 낳는 다산성의 요크셔와 새끼를 잘 돌보는 포유 능력이 우수한 랜드레이스를 교배해 나온 잡종(F1)을, 육질이 우수하고 고기 생산량이 많은 듀록의 수컷과 다시 교배해 만들어낸다. 교잡된 품종들의 머리 글자를 따서 YLD 또는 LYD라 부른다.

삼원교잡종 YBD(얼룩 돼지)

요크셔와 버크셔를 교배해 만든 어미 돼지에 듀록 수컷을 교배해 만들어낸 품종이다. 버크셔가 지니는 육질의 쫄깃함과 보수력, 듀록의 우수한 마블링이라는 특징을 골고루 지닌다.

요크셔(Y)·다산성 버크셔(B)·육질 우수

YB·어미 돼지, 육질·건강성 우수 듀록(D)·육질 우수

YBD·얼룩 돼지

사육에서 유통까지

　맛있는 돼지고기는 좋은 품종의 돼지에게 좋은 먹이를 먹이고, 위생적이고 안전한 관리를 통해 만들어진다.

　좋은 품종의 돼지를 선정하는 데에는 육질과 경제성이 주된 고려 대상이다. 더 많이 번식하고, 일정 기간 내에 더 빠르고 건강하게 자랄 수 있는 돼지를 선택하는 것은 당연하다. 다만, 과거에는 경제성이 품종을 선택하는 우선 요소였다면, 최근에는 소비의 수준이 높아지면서 품질의 차별화를 위해 육질을 더 중요한 결정 요인으로 본다.

　소비자들이 생각하는 맛있는 돼지고기는 얼마나 부드러운지(연도), 풍미가 있는지(향미), 육즙이 많은지(다즙성)에 따라서 결정된다.

소비자가 요구하는 돼지고기의 품질

구분	모색
관능 특성	조직이 연하고 다즙(씹는 맛이 연하고 높은 수분 함량)한 것
향　미	풍미가 있고 이취 및 웅취가 없는 것
육　색	회홍색부터 담홍색. 선명하고 광택이 있으며, 창백하거나 암적색이 아닌 것
지　방	광택이 나고 순백색이어야 하며, 지나치게 많지 않은 것
드　립	육즙(핏물) 발생이 적은 것
외　관	탄력성이 좋고, 조직이 매끄러운 것
안 전 성	유해 미생물 및 항생 물질 등의 잔류가 없는 것

* 출처 : 돼지고기 품질 및 위생 관리 매뉴얼, 농촌진흥청 국립축산과학원, 2010

고품질 돼지고기의 성분 기준

구분	단위	기준치	비고
콜레스테롤	100kg 중 mg	59.0	낮은 수치일수록 건강에 좋음
지방의 녹는점	℃	34.5	높은 수치일수록 단단한 지방 생산
식육 내 지방	%	3~23	낮은 수치일수록 건강에 좋음 높은 수치일수록 고기 맛 좋음
지방 내 수분	%	14.5	낮은 수치일수록 식감이 좋음
아미노산 함량	100kg 중 mg	72.3	높은 수치일수록 고기 맛 좋음

* 출처 : 돼지고기 품질 및 위생 관리 매뉴얼, 농촌진흥청 국립축산과학원, 2010

| 좋은 먹이

일반적으로 돼지는 약 180일 정도 키워서 체중이 110kg~120kg이 되었을 때 출하한다. 사육 관리에서 지표로 삼는 일당증체량, 사료요구율 및 등급을 따졌을 때 최적의 시기이다. 출하 체중을 100~105kg 정도로 낮추면 오히려 일당증체량이 감소하는 대신, 필요한 사료의 양이 늘어나 비경제적이다. 또한 육질에 있어서도 근육의 마블링과 관계있는 주된 지표인 등지방 두께가 얇아지고, 삼겹살의 규격이 저하된다.

돼지 사육은 공장에서 제품을 찍어내는 것과 유사한 점이 많다. 우수한 품종을 선택하고, 잘 설계된 먹이를 먹이고, 체계화된 사육 관리를 하면 일정 기간 내에 규격화된 돼지고기를 거의 균일하게 뽑아낼 수 있다.

'규격돈'이라는 용어는 1980년대 이후 돼지고기 수출이 본격화되고, 수출 규격에 맞춘 돼지고기 생산 및 관리가 체계화되면서 등장했다. 규격돈 생산을 위한 사양 관리, 그중에서도 배합 사료의 등장과 확대는 1980년대까지도 국내 돼지고기의 고질적 문제로 지적되던 돼지고기의 특유의 이취를 사육 단계에서 제거하는 효과를 낳았다. 사료의 성분 역시 돼지고기의 이취를 없애는 데 주요한 역할을 한다. 먹이에 함유된 방향성 물질은 지용성이어서 소화 기관에서 변화하지 않고 그대로 지방 조직에 축적

된다. 돼지는 이러한 성분을 지방 조직에 더 잘 축적하는 특징이 있다. 따라서 주어진 먹이의 냄새가 지방 조직에 쌓이면서 돼지고기가 냄새가 나는 원인이 되는데, 음식찌꺼기가 아닌 잘 설계된 배합 사료를 급식함으로써 그러한 문제를 해결할 수 있게 되었다. 녹차, 마늘, 사과 등 지역 특산물을 먹여서 키웠다는, 이른바 '○○ 먹인 돼지'가 실효성이 있다고 보는 근거이기도 하다.

▌까칠한 돼지와 물돼지

무디고 둔하다.
아무거나 잘 먹는다.
게으르며 지저분하다.

대개 돼지에 대해서 일반인들이 가지는 편견이다. 그러나 돼지는 굉장히 예민하면서도 깔끔한 성격을 가지고 있다. 섬세하게 관리하지 않으면 반드시 탈이 나는 가축이 바로 돼지다.

돼지는 스트레스를 굉장히 잘 받는다.

사육 단계에서 쾌적한 환경을 제공해 주지 않으면, 출하 단계에서 절식하고, 수송 단계에서 온도와 밀도, 운송 시간을 조절하지 않으면, 도축장에 도착해 적절하게 계류하지 않으면, 도축을 위해 몰아가는 과정이 올바르지 않으면, 돼지는 심한 스트레스를 받게 되고, 그 결과 품질이 나쁜 고기로 이어진다.

품질이 낮은 돼지고기에는 다양한 케이스가 존재한다. 대표적으로 나쁜 고기라고 할 수 있는 PSE육 – 육색이 창백^{Pale}하고, 근육조직이 흐물흐물^{Soft}하며, 육즙이 많이 흘러나오는^{Exudative} 고기 – 외에도 근육조직의 탄력성이 낮고 근육과 근육 사이가 분리되는 고기, 피멍이 든 고기, 골절 등이 있다.

PSE육은 유독 돼지에게서 자주 나타난다. 그래서 별칭도 '물돼지고기'다. 더욱 심각한 문제는 PSE육 발생이 10~30%에 이를 정도로 빈도가 매우 높다는 점이다. 공들여서 키운 노력을 제대로 보상받지 못하게 되는 것이다.

돼지 도축 공정

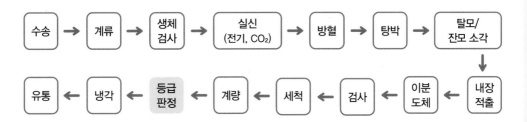

수송 → 계류 → 생체 검사 → 실신 (전기, CO_2) → 방혈 → 탕박 → 탈모/잔모 소각 ↓

유통 ← 냉각 ← 등급 판정 ← 계량 ← 세척 ← 검사 ← 이분 도체 ← 내장 적출

계류/생체 검사
- 수송 과정에서 얻은 스트레스를 풀 수 있도록 돼지의 안정을 도와줌
- 생체 검사를 통해 식육에 적합한 개체를 선별하고 세척

실신, 방혈, 탕박/박피, 내장 적출
- 전기충격 등의 방법으로 실신시키고 방혈
- 털과 가죽을 제거하고 내장을 적출

이분할, 세척, 등급판정
- 등뼈를 중심으로 지육을 2분할하고, 지육을 세척함
- 도체의 무게를 측정하고 등급을 판정

예냉실
- 도체의 품온을 떨어뜨림
- 미생물의 생육 억제

지육 분할, 정형, 포장
- 지육을 분할, 정형하여 부분육을 생산하고, 진공 포장

PSE육이 생기는 원인은 돼지가 도축 전에 받은 스트레스 때문이다. 돼지는 땀샘이 없어 땀에 의한 체열 발산이 불가능하고 더위에 약한 편이다. 도축 전에 돼지가 받은 스트레스는 근육 내 해당 효소의 활성을 증대시켜 젖산을 생성하고 pH가 급속히 내려가게 된다.

이에 따라서 근수축이 강하게 일어나고, 열이 발생해 근육의 고온 경직 및 단백질의 변성을 가져온다. 근육 내 수분은 주로 근원 섬유 단백질과 결합하는데, 변성된 근원 섬유 단백질이 더 이상 수분과 결합할 수 없게 되어 고기의 보수력은 감소하고 많은 수분이 육즙의 형태로 고기 표면에 흘러나온다.

유전적으로 스트레스를 잘 받는 감수성이 예민한 돼지(스트레스증후군 돼지 PSS: Porcine Stress Syndrome)는 사전에 DNA 검사 등으로 식별해 도태시킴으로써 문제를 해결할 수 있다. PSS의 외관적 증상은 신경질적이며, 다리가 짧고 체형이 단단해 보이며 피부에 붉은 반점이 있고 팽팽하다. 안정 시에도 귀 끝이나 꼬리에 경련을 일으키며 다리가 약하여 절름거리는 등 거동 곤란의 모습을 보인다. 또 스트레스를 받을 경우 호흡, 맥박수가 빨라지고 직장의 온도가 41℃ 이상 상승한다.

도살 전 스트레스는 사육에서 도축까지에 이르는 각 단계마다 돼지가 스트레스를 받지 않도록 철저히 관리하면 해결할 수 있다.

▌수송

가축은 배가 부르면 이동하기 싫어하는 습성을 지닌다. 그래서 돼지 몰이를 쉽게 하기 위해서 출하 시 절식을 실시한다. 절식을 하면 수송 중 스트레스로 인한 구토를 방지할 수 있기 때문이다. 스트레스로 구토할 경우 기도가 막혀 질식하는 사고가 생길 수 있고, 또한 스트레스로 인한 산 중독으로 체내 pH가 내려가서 육색이 저하되고, 보수력 약화 등으로 PSE육이 발생하게 된다.

수송 단계에서도 스트레스를 줄이기 위해 상하차하는 방법을 개선하고, 운송 시간을 줄이고 수송 밀도를 낮춰서 빽빽하지 않도록 한다. 경사로 각도를 낮춰서 쉽게 오르내릴 수 있게 하고, 무리를 쫓아서 차량에 잘 타고 내리게끔 몰이를 해야 한다. 무리한 돼지 몰이는 근출혈과 물돼지고기 발생을 높이는 원인이 되기 때문이다.

수송 중에도 환기가 잘되어 시원해야 하고, 가급적 같은 우리에서 키워진 돼지를 함께 태워야 낯선 돼지로 인해 스트레스를 받지 않는다. 과밀 수송을 피하고, 과속 급발진, 급가속, 급커브 등 난폭한 운전으로 인한 스트레스가 없어야 한다. 특히 여름철에는 직사광선을 막아줘야 한다.

▍계류

돼지들이 도축장에 도착하면 수송 중 받은 스트레스를 해소하고 새로운 환경에 안정을 취할 수 있도록 일정 시간 계류를 실시한다. 돼지가 처음 도축장에 들어오면 불안하고 흥분된 상태여서 피로와 갈증을 느끼게 되므로, 급수 시설이 완비된 조용한 계류장에서 휴식을 취하면서 안정을 되찾도록 도와준다. 계류 중에 수분을 충분히 공급하면 안정과 피로 회복 효과를 높인다. 또 계류장에서 안개 분무나 샤워를 통해 돼지의 안정을 도와준다. 돼지를 시원하게 해주면 심혈 관계의 긴장을 해소하고, 심신을 안정시켜 불안으로 인한 서로의 공격 행위를 감소시키며, 몸을 깨끗하게 해 도축 시 오염물을 줄이는 등의 효과가 있다. 계류 시간은 수송 시간을 따져서 길어지지 않게 조절한다. 계류 시간이 너무 길거나 너무 짧으면 육질에 안 좋은 영향을 끼치기 때문이다. 절식된 돼지의 경우 2~4시간 계류가 적당하며, 12시간 이상의 과계류는 피하는 것이 좋다.

▍생체 검사

식육 생산에 적합한 개체인지 아닌지의 여부를 가리기 위한 공정이다. 생체 검사는 도축 직전에 시행되며, 이상 징후가 있는 가축을 격리 검사해 도축 가능 여부를 판단한다. 생체 검사에 합격한 돼지는 도축 전에 몸에 붙어있는 오물 등을 물로 세척해서 오염을 예방한다.

실신

　계류를 마치면 도축을 위해 돼지를 실신시키는데 이때 가장 많은 스트레스를 받게 된다. 실신 방법으로는 전기 충격이나 CO_2 가스마취법이 주로 쓰인다. 잘못된 전기 충격은 골절, 근육 내 출혈, PSE육 등 육질의 저하를 초래한다.

　반면 가스마취법은 돼지가 천천히 수면 상태에 빠지도록 해 근출혈 현상이 줄어들고, 골절이 없으며 체내 pH 변화로 인한 PSE육 발생을 낮추는 효과가 있다. 또한 방혈량이 많아 이 방법의 채택이 늘고 있다. 하지만 아직까지 대부분의 도축장에서는 도축 규모가 크지 않아 전기 충격으로 진행하고 있다.

방혈

　양날이 선 청결한 칼로 경부의 중앙에 직각으로 넣어서 경동맥을 절단해 방혈한다. 칼을 너무 깊숙이 넣어 절개하면 심장, 식도, 기관지가 손상되어 방혈이 불량해지고 악취와 근육 부패를 유발한다.

　실신 후 최대 1분 이내로 신속히 시행되어야 하며 정확히 경동맥만을 절개해 혈액을 방혈시켜야 한다. 전기 실신의 경우 근출혈을 최소화하기 위해 기절 후 10초 안에 방혈을 시작한다. 인도적 도축을 위해서도 실신 후 가능한 빠른 시간 내 정확하게 방혈시키는 것이 중요하다. 만약 방혈이 지연된다면 근육 경련에 따른 혈압 상승으로 방혈 불량, 근출혈과 같은 이상육 발생 확률이 증가한다.

　방혈은 충분한 시간을 허용하되 5분 이내로 줄여서 실시한다. 돼지의 99.2%가 목을 찌른 후 3분 이내에 방혈되는 것으로 밝혀졌고, 10분간의 방혈 시간은 5분간의 방혈에 비해 고기의 연도에 두드러지게 부정적인 영향을 미친다는 연구 결과가 있다.

탕박, 탈모 / 잔모 소각

방혈이 끝난 돼지는 박피기를 이용해 가죽을 벗기거나(박피도체), 뜨거운 물이 담긴 수조와 털 뽑는 기계를 사용해 털을 제거한다(탕박도체).

박피 처리는 사지 내측과 복부를 기계에 물릴 만큼 절개한 다음, 박피기에 물려서 실시한다. 가죽에 상처를 내지 않고, 지방이 부착되지 않도록 처리해야 가공 원피로 사용할 수 있다. 그러나 국내에서는 사용되지 않는 방법이다.

탕박법은 가죽을 벗기지 않기 때문에 특별히 보호포로 둘러싸지 않아도 외부의 오염원과 냉장 중 감량에 대한 보호 방벽의 역할을 기대할 수 있다. 또한 작업 능률이 박피법보다 월등히 높아서 연속적으로 대량의 물량을 처리하기에 적합하다.

탕박법의 단점은 도체에 열이 가해지기 때문에 도체 온도가 상승하게 된다는 점이다. 이에 따라 열 발산이 늦어져 근육의 pH가 내려가는 속도가 빨라지고, *ATP 농도 또한 낮아져 보수력 등 육질 면에서 박피법보다 불리한 결과를 초래할 수 있다.

탕박법은 60℃ 온도의 뜨거운 물이 담긴 탕박조에 5분 30초에서 7분 30초 동안 돼지를 담가서 돼지의 모공을 열고 털을 제거하는 방법이다. 털이 뻣뻣해지는 가을과 겨울철에는 충분한 탈모를 위해 탕박조의 온도를 높이거나 시간을 늘리는 경우도 있다.

이럴 경우 육질에는 큰 영향을 미치지 않지만, 빠른 시간 안에 도체의 온도를 낮춰야 한다. 도축 후 도체 온도는 산소 공급의 중단으로 계속 올라가서 거의 42℃에 이르게 되므로, 빠르게 심부온도가 30℃ 이하가 되도록 낮춰주어야 한다.

탕박 시 위생 관리 또한 중요하다. 돼지 도체를 60℃의 물에 담구면 모공이 열리는데, 이때 오염된 물이 모공으로 침투해 지방 조직에 오염물이 달라붙어 이취가 발생한다. 또 탕박조의 수온이 적절하지 않으면, 탈모 불량이나 고기가 허옇게 변하는 현상이 발생한다. 모공이 열린 돼지의 털을 제거하는 방법으로는 스팀 응축식, 열수샤워식(스프레이식) 및 탕침식이 있다.

탕박이 완료된 도체는 탈모기에서 기계적으로 털을 제거하고 화염방사기를 이용해 남아있는 잔털을 제거한다(잔모 소각).

ATP(Adenosine Tri-Phosphate, 아데노신3인산)는 고기 세포에 있는 핵산 물질로, 숙성 시 분해되어 맛을 내는 정미 성분이 된다. ATP 함량이 높을수록 좋은 풍미를 지니는 육질을 얻을 수 있다.

내장 적출

내장에는 백내장과 적내장이 있다. 백내장이란 위, 대장, 소장, 자궁, 직장 등 백색 내장을 뜻하고, 적내장은 심장, 간, 허파, 신장 등 붉은색의 내장을 말한다.

내장을 적출할 때는 복부 절개의 정확도가 중요하다. 잘못 절개하면 내장 파열로 인한 교차 오염의 문제를 야기한다.

내장 적출 작업은 일반적으로 머리를 절단한 후 레일에 거꾸로 매단 채로 진행한다. 뒷다리 사이에서 턱에 이르는 복벽의 정중선을 따라서 칼로 약간 절개해 내린 후, 고환, 음경, 경산돈(출산 경험이 있는 어미 돼지)의 유방을 잘라낸다. 가슴뼈는 전기톱을 이용해 절개한다. 다음으로 상부복벽에 칼을 넣어 칼날에 장기가 다치지 않도록 주의하면서 아래쪽으로 절개해 내려가며 장기를 적출한다.

이분도체(이분할)

등뼈를 중심으로 지육을 2분할하는 과정이다. 이 과정에서도 뼛조각이나 털에 의해 지육이 오염되지 않도록 한다. 또한, 정확하지 않은 2분할 시 등심 및 목심이 한쪽 방향으로 쏠려 정육의 손실이 생길 수 있으니 주의한다.

검사

적출한 적내장의 병리 검사를 통해 식용에 부적합한 식육을 찾아내는 과정이다.

세척

최종 세척 과정으로 지육의 안팎을 10초 이상 씻어낸다. 세척 불량 시 미생물의 오염 가능성이 높아진다.

▎계량

세척이 끝나면 돼지 도체의 무게(도체중)를 재는 계량을 실시한다. 도체중은 등급 판정 및 가격 정산에 활용된다.

▎돼지의 등급 판정

돼지의 등급은 '1+등급', '1등급', '2등급', '등외'로 나뉜다. 돼지의 등급 판정은 온도체를 대상으로 실시한다. 다만, 종돈 개량이나 학술 연구 등의 목적으로 희망할 경우 냉도체 육질 측정 방법을 제공할 수 있다. 등급 판정 방법도 인력 등급 판정과 기계 등급 판정 중 한 가지를 선택해 적용할 수 있다. 돼지 등급 판정은 1차와 2차, 두 차례에 걸쳐 진행한다. 1차에서는 도체의 중량과 등지방 두께를 측정해 규격 등급을, 2차에서는 외관과 육질을 종합적으로 판정한다. 등급이 결정되면 돼지도체에 등급을 날인한다.

▎냉각

도축 공정이 끝난 도체는 미생물 증식을 억제하고 신선도를 유지하기 위해 내부 깊은 속까지 신속하게 냉각해야 한다.

냉각실은 충분한 공기 순환이 이뤄질 수 있도록 평당 돼지 도체의 수용 밀도를 8마리 이하로 하며, 0~4℃에서 송풍 냉각을 한다. 실내 상대습도 90%에서 12시간 이상의 냉각으로 도체 심부 온도가 0~5℃가 되도록 한다. 뒷다리 근육 중 가장 두꺼운 부분의 중심 온도가 도살 후 12시간 경에 10℃ 이하로, 24시간 경에는 5℃ 이하로 떨어져야 한다. 신속한 냉각은 도체의 pH 저하 속도를 늦춰 PSE육 방지 등 품질 개선에 도움을 준다.

* 출처 : 돼지고기 품질 및 위생 관리 매뉴얼, 농촌진흥청 국립축산과학원, 2010

도축장의 분류

도축장은 축산물공판장, 축산물도매시장, 일반 도축장으로 구분되며, 규모에 따라 축산물종합처리장(LPC)을 별도로 구분하고 있다. 2021년 11월 기준, 포유류를 도축하는 도축장은 전국적으로 79개소가 운영 중이다.

- **축산물종합처리장** LPC: Livestock Packing Center
  안전하고 위생적인 축산물 공급을 위해 가축의 생산에서부터 도축, 가공, 판매 등 일련의 생산과정을 종합적으로 처리하는 일관시스템을 갖춘 도축, 가공장을 말한다. 1994년부터 건립되기 시작하여 2019년 현재 도드람LPC, 강원LPC, 팜스토리LPC, 박달재LPC, 농협목우촌, 축림, 민속LPC, 영남LPC 등 8개소가 운영 중에 있다.

- **축산물도매시장**
  도축 후 생산된 육류를 경매·입찰 방법으로 도매하는 업체로서 지자체 또는 민간 등이 운영한다. 신흥산업, 삼성식품, 협신식품, 삼호 등 4개소가 있다.

- **축산물공판장**
  생산자단체(농협·축협 등)에서 개설·운영하는 도매시장 성격의 사업장이다. 출하한 축산물의 판매를 위탁받아 도축해·판매·대금 정산 등 전 과정을 대행해주는 수탁사업과 위탁받은 축산물을 운영주체의 자체 자금으로 매입·판매하는 사업을 동시에 수행하고 있다. 농협음성, 농협부천, 농협고령, 농협나주, 농협포크빌, 김해축공, 부경축공, 제주축협, 도드람LPC 등 9개소가 운영되고 있다.

- **일반 도축장**
  개인이 개인사업자나 법인사업자를 개설해 도축산업시설을 개설·운영하는 시설이다. 축산물을 다루는 시설이지만 업종이 제조업으로 분류되어 일반 제조업과 같은 취급을 받고 있다.

* 출처 : 축산물품질평가원

┃ 유통

식육포장처리업체와의 계약에 의한 직매입이 주된 출하 경로다. 돼지고기 유통에서 도매시장을 통한 경매가 차지하는 비중은 의외로 적다. 2020년 통계자료를 보면 도매시장에서 경매를 통한 지육 거래가 5.1%이고, 농장에서의 직매가 94.9%로 나타난다. 소고기 유통 거래에서 경매가 차지하는 비중이 57.6%인 것에 비하면 극히 적은 양이다.

이는 돼지의 거래량이 워낙 많기 때문이다. 도매시장을 통할 때 지불하게 되는 상장 및 중계수수료가 부담될 수밖에 없고, 대금 정산의 안정성이 있어 농장과 육가공업체의 직거래가 일반화된 실정이다.

그런데, 돼지가 거래되는 경로와 다르게 돼지 값의 결정은 도매시장의 가격을 기준으로 이루어진다는 점이 또 다른 특징이다.

생돈 정산법은 생돈 체중 × 지급율(대략 75% 안팎) × 도매시장 경락가의 공식으로 이루어진다. 이렇게 도매시장의 가격을 기준으로 생돈 가격을 도출하는 공식을 세우기 때문에 돼지의 산지 거래는 도매시장의 자유 거래가 진행되는 것과 같은 효과를 내고 있다.

지급률 정산 방식은 농장에서 생체중량만 파악하면 곧바로 정산할 수 있다는 이점이 있는 반면, 돼지고기의 품질, 즉 등급을 반영하지 못하는 문제가 있다. 소의 거래에서 등급을 기준으로 하는 정산 방식이 96.4% 임에 비해, 돼지는 24.7%에 불과하다. 소와 달리 돼지는 품질 등급 간의 가격 차이가 크지 않기 때문이다. 때문에 농가에서도 돼지고기의 품질을 높이기 위한 활동보다는 출하일령을 조절해 사료비를 절감하는 데 더 노력을 기울이고 있는 형편이다.

품질이 반영되지 않는 거래 관행이 깨져야 농민들이 돼지의 맛을 좋게 하려는 노력을 기울이게 할 수 있다는 지적이 업계에서 나오고 있다. 품질 향상 노력에 상응하는 충분한 보상이 주어져야 농가에서 사료비 등 비용 절감을 통한 이익 증대보다 품질 개선을 통한 질적인 발전을 추구할 수 있다는 것이다.

돼지고기 유통 단계별 경로 및 비율

생산 및 출판 단계	도매 단계	소매 단계
376천 원/두	460천 원/두	750천 원/두

양축농가 (100%)
18,318,806두

도축업

식육포장처리업체 (94.9%)
경매 4.9%, 직매 90.0%

5.1

94.9

94.9

직매
구매

대형 마트(27.2%)
구매 27.2%

27.2

27.2

슈퍼마켓(11.4%)
구매 11.4%

11.4

11.4

정육점(24.9%)
직매 5.1%
(경매 2.4%, 직매 2.7%)
구매 19.8%

19.8

24.9

백화점(0.5%)
구매 0.5%

0.5

0.5

일반 음식점(17.3%)
구매 17.3%

17.3

17.3

2차 가공·기타(13.2%)
구매 13.2%

13.2

13.2

단체 급식(5.5%)
구매 5.5%

5.5

5.5

소비자 (100%)

※유통업체 지육 구입 경로
  경매 5.9%, 직매 94.1%

주) 유통 단계별 가격은 해당 유통 단계의 경로별 비율을 반영한 가중평균값

* 출처 : 2020년 축산물 유통정보조사, 축산물품질평가원

돼지고기 이력 제도

"돼지도 호적이 있다"

돼지고기 이력 제도는 돼지와 돼지고기의 거래 단계별 정보를 기록·관리한다. 위생 및 안전에 문제가 발생할 경우 그 이력을 추적해 신속한 대처가 가능하도록 마련된 제도다. 이를 통해 돼지고기의 원산지 허위 표시나 둔갑 판매 등이 방지되고, 소비자가 판매되는 돼지고기에 대한 정보를 미리 알 수 있어 안심하고 구매할 수 있는 효과를 거둘 수 있다.

돼지고기 이력 제도는 2012년 10월 시범사업을 거쳐, 2014년 12월에 전면 시행되었다. 농림축산식품부는 연간 3만 건 이상의 DNA 동일성 검사를 통해 돼지고기 이력제의 유효성을 확인, 감시함으로써 유통의 투명성을 확보하고 있다.

사육 단계

한국의 모든 농장은 매월 마지막 날부터 다음 달 5일까지 사육 현황을 이력관리시스템에 신고해야 하며, 다른 농장으로 돼지를 이동시키거나 도축장으로 출하할 때마다 돼지에 농장식별번호(종돈은 개체식별번호)를 표시해야 한다. 농장식별번호는 이력관리 대상 가축을 기르는 사육 시설을 식별하기 위해 농림축산식품부장관이 가축 사육 시설마다 부여하는 6자리의 고유번호를 말한다. 돼지의 경우 사육 기간이 짧고 개체 수가 많아 개체별 이력 관리보다는 인력과 예산의 효율성을 고려해 농장식별번호를 매개로 한 농장 단위 이력 관리가 효율적이기 때문이다. 다만, 종돈의 경우에는 경제적 가치가 높음을 감안해 등록 폐사 이동 시 소와 같은 신고 의무를 부여해 개체별로 이력 관리가 가능하도록 했다.

도축 단계

도축업 영업자는 도축장으로 출하된 돼지의 농장식별번호를 확인한 후 이력관리시스템을 통해 해당 농장의 이력번호를 발급받아 도축되는 모든 돼지 도체에 이력번호를 표시하고, 도축(경매 결과 포함) 결과도 매일 신고한다.

이력번호는 이력 관리를 위해 이력관리대상축산물에 부여하는 번호로 축종코드(1) + 농장식별번호(6) + 일련번호(5)로 총 12자리로 구성된다. 이를 통해 유통 단계에서 돼지고기의 신속한 이동경로를 파악할 수 있다.

포장 처리 및 판매 단계

식육포장처리업자·식육판매업자 등은 이력번호가 표시된 돼지고기를 포장 처리하거나 판매할 경우, 포장지 또는 식육판매표시판에 이력번호를 표시해야 하며, 거래내역을 기록·관리해야 한다.

소비 단계

소비자는 돼지고기의 포장지 라벨의 이력번호를 모바일 앱 '안심장보기'나 인터넷 홈페이지(aunit.mtrace.go.kr)에서 간편하게 조회해 다양한 이력 정보를 확인할 수 있다.

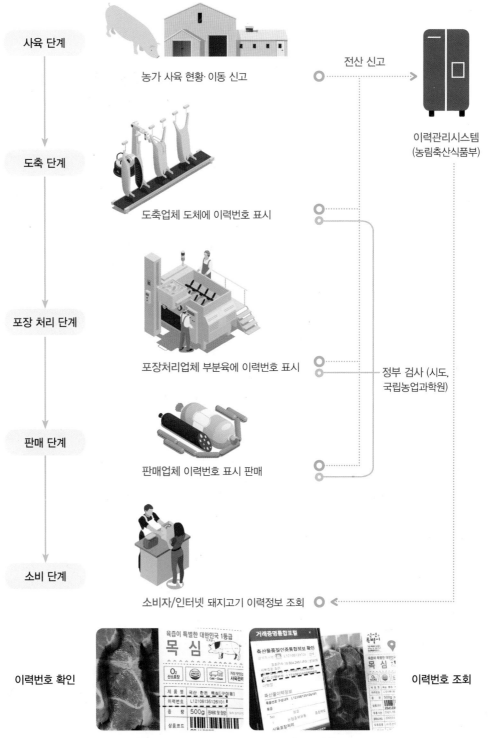

사육 단계   농가 사육 현황·이동 신고

전산 신고

이력관리시스템
(농림축산식품부)

도축 단계   도축업체 도체에 이력번호 표시

포장 처리 단계   포장처리업체 부분육에 이력번호 표시

정부 검사 (시도,
국립농업과학원)

판매 단계   판매업체 이력번호 표시 판매

소비 단계   소비자/인터넷 돼지고기 이력정보 조회

이력번호 확인   이력번호 조회

* 출처 : 돼지고기 수출규격 안내서, 국립축산과학원, 2018

돼지 부위별 분할과 상품화 요령

일상적으로 자주 접하는 만큼 친숙하지만 사실 잘 모르고 먹는 고기가 바로 돼지
고기다. 식육의 부위·등급·종류별 구분 방법에 대한 농림축산식품부의 고시에 따
르면, 돼지고기는 7개 대분할 부위 아래 25개 소분할 부위육으로 나뉠 만큼 종류
가 다양하다. 그러나 소비자가 시장에서 접하는 돼지고기의 부위육은 기껏해야
10개 안팎이다. 예컨대 돼지 뒷다리에서는 볼기살, 설깃살, 도가니살, 홍두깨살,
보섭살, 뒷사태살 등 6개 부위육이 나오지만 '뒷다리살(후지)'이라는 이름 하나로
뭉뚱그려 판매와 소비가 이뤄진다. 이는 아직도 돼지고기에 대한 연구가 미진하
다는 반증이다.

돼지고기는 삼겹살, 목살 등 이른바 '인기육'과 뒷다리살, 등심 등 '비인기육' 간의
소비자 선호도 차이가 크다. 돼지를 해부학적으로 접근해 근육마다 이런저런 이
름을 붙이는 것이 아니라 '각 부위육이 어떤 질감과 맛을 가지고 있는지', '어떻게
가공하고 조리해야 하는지'에 대한 연구가 중요한 이유다. 이를 바탕으로 실제 소
비자들이 이해하고 찾을 수 있는 다양한 부위육을 개발해야 한다.

돼지 대분할 한눈에 보기

2분도체

등 쪽

안쪽

6분도체(2분도체의 3분할)

돼지 2분도체를 전구(전지, 전6분도체), 중구(중지, 중6분도체), 후구(후지, 후6분도체)로 3분할 한다.

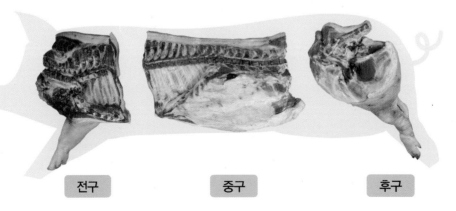

전구   중구   후구

전구

안쪽

목심살

갈비

항정살

앞다리살

앞사태살

족발(단족)

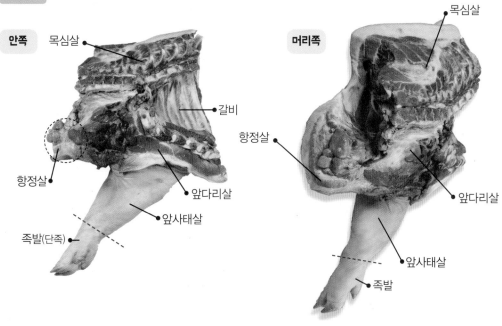

머리쪽

목심살

항정살

앞다리살

앞사태살

족발

몸통 쪽

항정살

목심살

족발(단족)

앞사태살

앞다리살

갈비

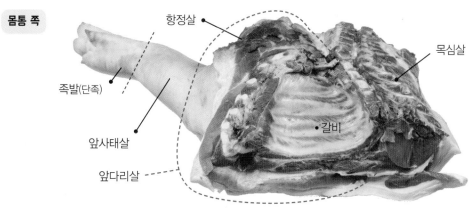

목뼈/등뼈 발골 및 갈비 분할

목뼈 ─┼─ 등뼈 ─┤

분리해낸
갈비

어깨뼈 – 팔뼈 발골

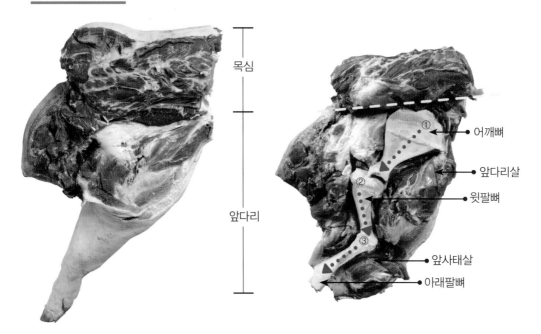

목심
앞다리

① 어깨뼈
앞다리살
② 윗팔뼈
③ 앞사태살
아래팔뼈

목심, 앞다리 등 분할

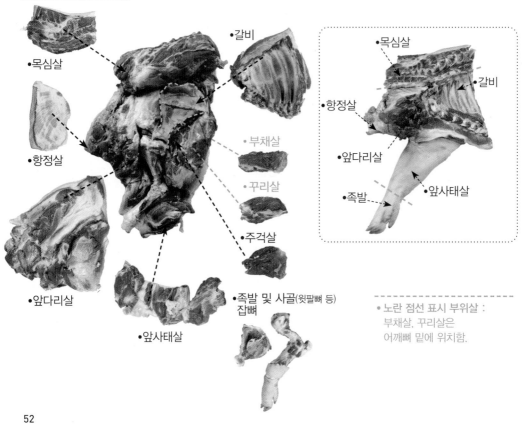

•목심살
•갈비
•항정살
•부채살
•꾸리살
•주걱살
•앞다리살
•앞사태살
•족발 및 사골(윗팔뼈 등) 잡뼈

•목심살
•갈비
•항정살
•앞다리살
•족발
•앞사태살

- - - - - - - - -
• 노란 점선 표시 부위살 :
  부채살, 꾸리살은
  어깨뼈 밑에 위치함.

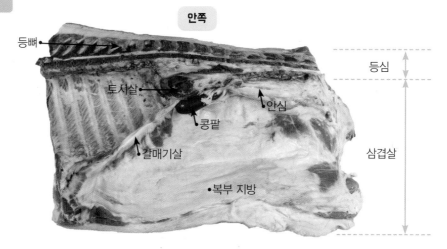

중구

안쪽

등뼈

토시살

콩팥

안심

갈매기살

복부 지방

등심

삼겹살

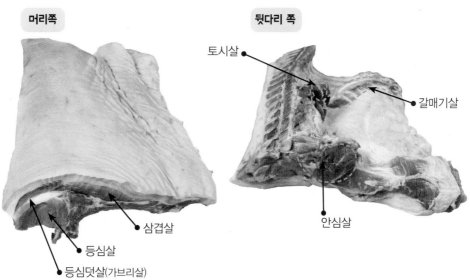

머리쪽

뒷다리 쪽

토시살

갈매기살

안심살

삼겹살

등심살

등심덧살(가브리살)

복부 지방 제거

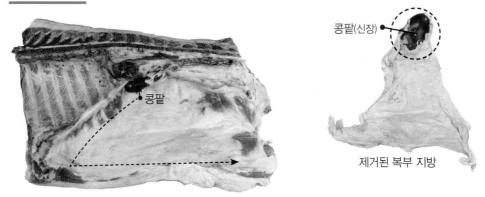

콩팥

콩팥(신장)

제거된 복부 지방

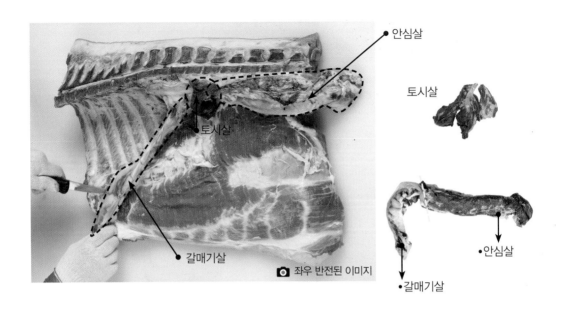

안심살

토시살

토시살

갈매기살

안심살

갈매기살

📷 좌우 반전된 이미지

갈비뼈 발골

1

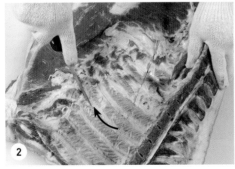

2

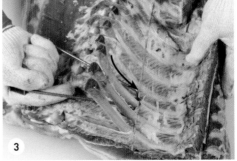

3

등갈비 분할, 등뼈-허리뼈 발골

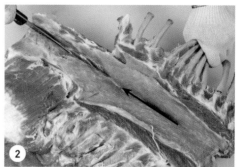

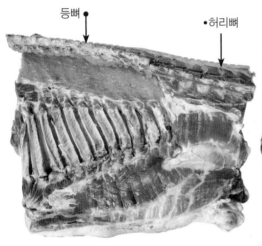

등뼈 ●

● 허리뼈

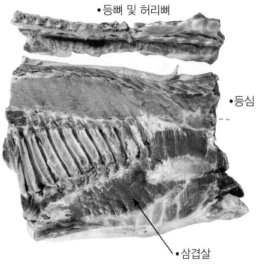

● 등뼈 및 허리뼈

● 등심

● 삼겹살

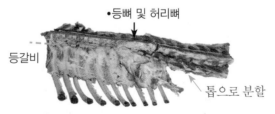

● 등뼈 및 허리뼈

등갈비

톱으로 분할

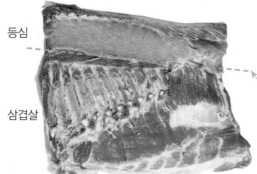

등심

근막을 따라서 분할

삼겹살

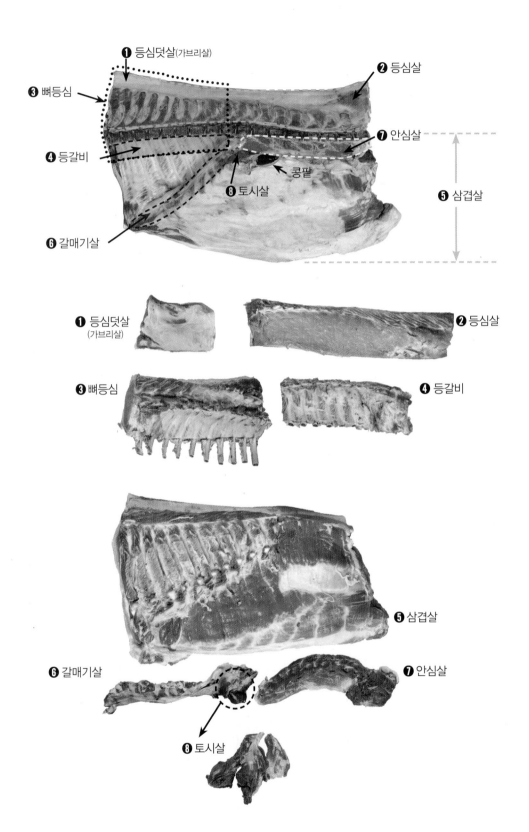

❶ 등심덧살(가브리살)

❷ 등심살

❸ 뼈등심

❼ 안심살

❹ 등갈비

콩팥

❽ 토시살

❺ 삼겹살

❻ 갈매기살

❶ 등심덧살
(가브리살)

❷ 등심살

❸ 뼈등심

❹ 등갈비

❺ 삼겹살

❻ 갈매기살

❼ 안심살

❽ 토시살

후구

안쪽

바깥쪽

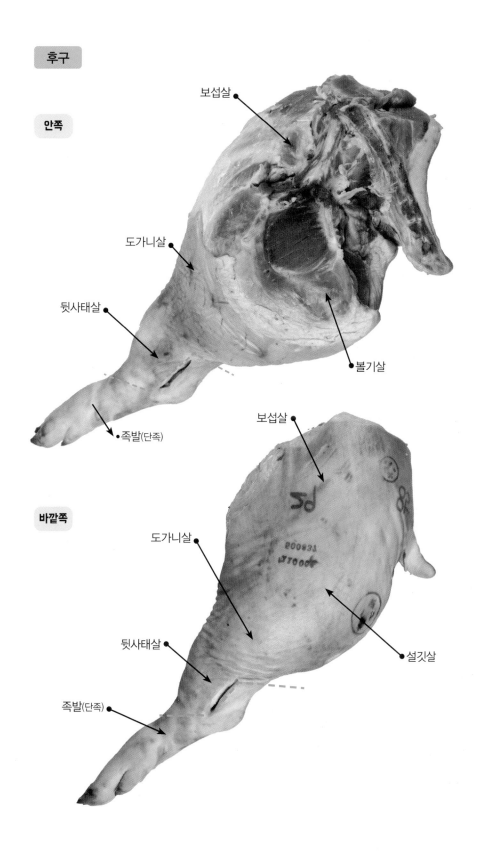

보섭살

도가니살

뒷사태살

볼기살

족발(단족)

보섭살

도가니살

뒷사태살

설깃살

족발(단족)

꼬리 및 엉치뼈 발골

발골한 꼬리 및 엉치뼈

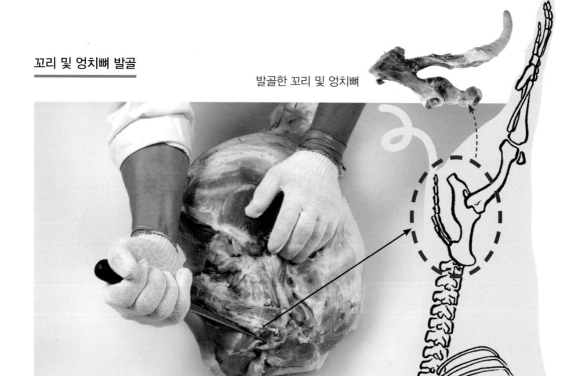

넓적다리뼈 및 아랫다리뼈 발골

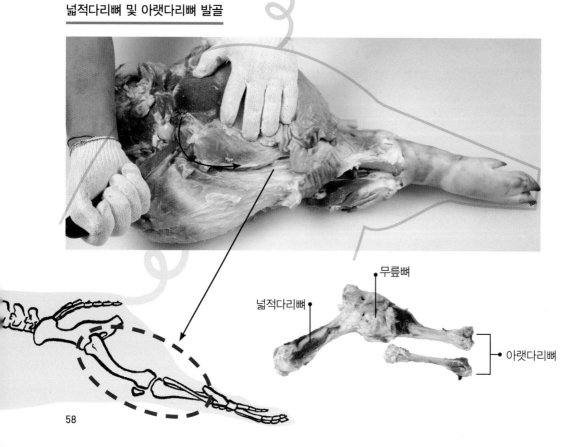

무릎뼈

넓적다리뼈

아랫다리뼈

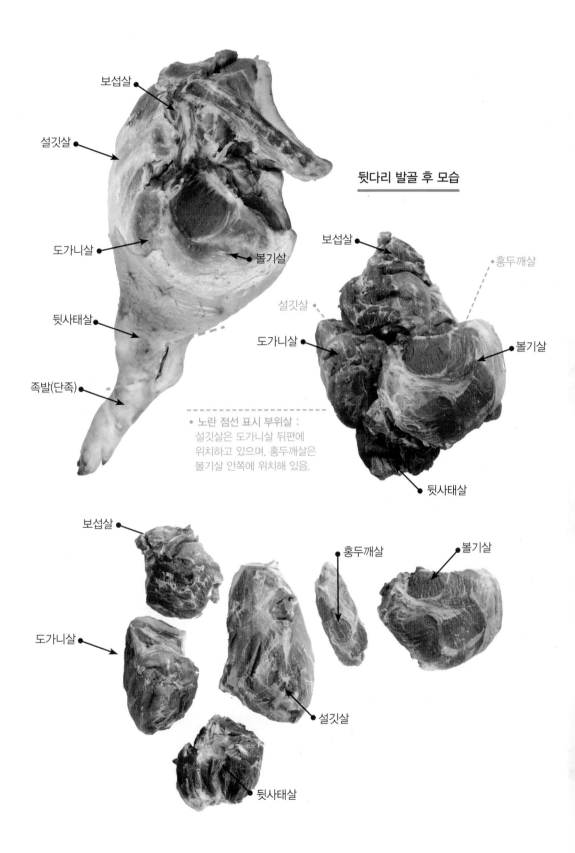

보섭살

설깃살

도가니살

볼기살

뒷사태살

족발(단족)

뒷다리 발골 후 모습

보섭살

홍두깨살

설깃살

도가니살

볼기살

뒷사태살

• 노란 점선 표시 부위살 :
설깃살은 도가니살 뒤편에
위치하고 있으며, 홍두깨살은
볼기살 안쪽에 위치해 있음.

보섭살

홍두깨살

볼기살

도가니살

설깃살

뒷사태살

나라별 지육 분할 방식 비교

국내 지육 분할 방식과 미국 및 캐나다 방식의 차이는 작업 방법에서 비롯된다. 국내에서는 칼을 이용해 각 부위를 분할하는 데 비해, 미국, 캐나다에서는 일반적으로 대형 톱을 이용해 각 부위를 잘라내고, 발골해 부위육을 생산한다.

한국식

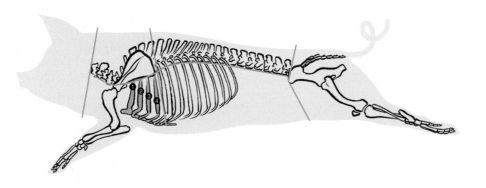

우리나라는 전구 분할을 제4갈비뼈 또는 제5갈비뼈를 시작점으로 해, 등뼈까지 이어서 절단한다. 이는 가슴뼈가 끝나는 지점이어서 칼이 들어가기 쉽기 때문이다.

또 후구 분할은 안심머리 부위를 떼어내고 허리뼈와 엉덩이사이뼈 사이를 수평으로 절단한다.

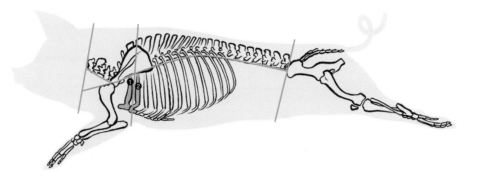

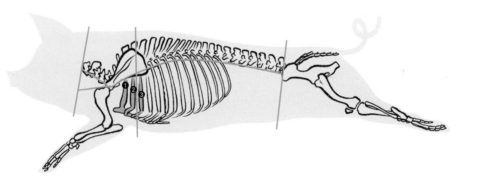

반면, 미국, 캐나다에서는 제1갈비뼈와 제2갈비뼈 사이(미국식)나 제2갈비뼈와 제3갈비뼈 사이(캐나다식)를 기준으로 수평으로 절단한다. 전구를 떼어내고 엉덩뼈 가운데를 반듯하게 잘라서 후구를 분할한다. 기계톱을 이용해 절단하기에 어려움이 없다.

국내산 목심이 목심살 외에도 등심의 일부가 포함되어 다소 긴 형태를 지니는 것에 비해 미국산과 캐나다산은 순수한 목심살에 가까워 보다 짧은 형태를 띠게 된다.

골격 구조의 이해

돼지 골격도

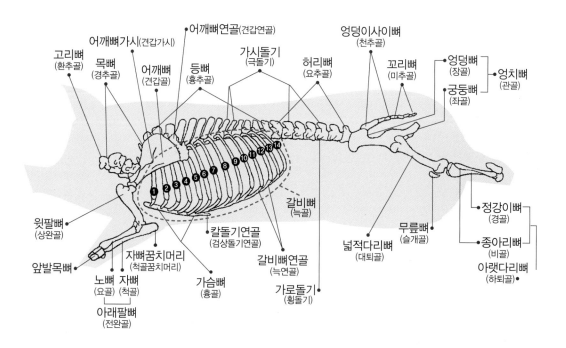

고리뼈
(환추골)

목뼈
(경추골)

어깨뼈가시(견갑가시)

어깨뼈
(견갑골)

어깨뼈연골(견갑연골)

등뼈
(흉추골)

가시돌기
(극돌기)

허리뼈
(요추골)

엉덩이사이뼈
(천추골)

꼬리뼈
(미추골)

엉덩뼈
(장골)

궁둥뼈
(좌골)

엉치뼈
(관골)

윗팔뼈
(상완골)

앞발목뼈

자뼈꿈치머리
(척골꿈치머리)

노뼈   자뼈
(요골) (척골)

아래팔뼈
(전완골)

가슴뼈
(흉골)

칼돌기연골
(검상돌기연골)

갈비뼈
(늑골)

갈비뼈연골
(늑연골)

가로돌기
(횡돌기)

넓적다리뼈
(대퇴골)

무릎뼈
(슬개골)

정강이뼈
(경골)

종아리뼈
(비골)

아랫다리뼈
(하퇴골)•

* 출처 : '호주식육편람', 호주축산공사

    동물의 뼈대는 몸의 형태를 이루는 조직이다. 우리가 먹는 살코기, 즉 근육은 이 뼈에 붙어서 움직임을 만들어내는 역할을 한다. 뼈대를 이해하면 그 뼈와 연결된 근육조직의 움직임을 알 수 있고, 그 특징도 짐작할 수 있게 된다. 움직임이 많은 부위의 근육은 짙은 육색을 지니게 되고 근섬유가 굵게 발달하며 힘줄 또한 튼튼하게 자리 잡게 된다. 즉, 연결 조직이 많은 질긴 부위의 고기가 된다. 반대로 움직임이 적은 부위의 근육은 육색이 옅고 근섬유가 가늘며 연결 조직이 잘 발달되지 않아서 근내 지방이 풍부한 연하고 풍미가 좋은 부위의 고기가 되는 것이다.

척추(목뼈-등뼈-허리뼈)-꼬리뼈로 이어지는 긴 구조다

목뼈(경추골) : 7개의 뼈로 이루어져 있다. 첫 번째 목뼈를 고리뼈 또는 환추골이라고 부른다. 돼지고기 목심은 목뼈(경추골)에서 제4~제5등뼈(흉추골)까지 척추 주변의 근육이다. 소고기로 보면, 목심과 윗등심살을 포함한 부위다. ※관련 부위: 목심

등뼈(흉추골) : 제1~제16등뼈까지 있다. 등을 이루는 기다란 뼈대로 가운데 위쪽으로 솟아오른 가시 돌기가 있다. 등뼈 좌우로 등심이 위치하는데 움직임이 적은 부위여서 육색이 옅고 육질이 부드럽다. 돼지고기 등심은 제5~제6등뼈(흉추골)부터 제6허리뼈(요추골), 즉 허리 끝까지의 근육이다. 소고기로는 아래등심살에서 채끝살까지 해당한다. ※관련 부위: 목심, 등심

허리뼈(요추골) : 제1~제6허리뼈까지 있다. 위쪽으로 솟아오른 가시돌기가 있는 등뼈와 달리 허리뼈는 가로로 뻗은 가로돌기가 있다. 허리뼈 위쪽으로는 등심이, 아래쪽으로는 안심이 위치한다. 소고기의 경우 허리뼈 부위를 살코기와 함께 잘라서 티본스테이크나 포터하우스 스테이크를 만든다. ※관련 부위: 등심, 안심

엉덩이사이뼈(천추골)와 꼬리뼈(미추골) : 엉덩이사이뼈와 꼬리뼈는 성장하면서 하나의 뼈로 합쳐지게 된다. 이를 천골이라고 부른다.

앞다리 : 어깨뼈, 윗팔뼈, 아래팔뼈로 이루어진다

어깨뼈(견갑골) : 부채나 주걱처럼 생겼다고 해서 부채뼈 혹은 주걱뼈라고도 한다. 뼈 가운데 돌기(견갑가시)가 솟아 있는데 그 좌우로 꾸리살과 부채살이 위치한다. 어깨를 이루는 뼈다. ※관련 부위: 부채살, 꾸리살

윗팔뼈(상완골) : 발골하여 앞다리살을 만든다. 주변 근육은 움직임이 많은 부위여서 육색이 짙고 쫄깃한 식감을 지닌다. ※관련 부위: 앞다리살

아래팔뼈(전완골) : 노뼈(요골)와 자뼈(척골)의 두 개의 뼈로 이루어져 있다. 주변 근육은 연결 부위가 많아서 질긴 편이지만 뭉근하게 오래 끓이면 결합조직의 콜라겐 성분이 젤라틴으로 변화해 쫄깃하면서도 부드러워진다. 발골하면 앞사태살을 얻을 수 있으나 장족으로 분할하는 경우가 더 흔하다. 돼지 앞사골은 이 아래팔뼈와 윗팔뼈를 합쳐서 부르는 명칭이다. ※관련 부위: 앞사태살, 앞다리 장족

몸통 : 갈비뼈 - 가슴뼈로 이루어진다

갈비뼈(늑골) : 돼지의 갈비뼈는 일정하지 않고 품종에 따라서 14~16개로 달라진다. 일반적으로 14개가 표준이다. 각 갈비뼈는 갈비뼈연골(늑연골)로 이어져 있다. 갈비뼈연골을 주변 살코기와 함께 분할하면 오돌삼겹이 된다. ※관련 부위: 갈비, 등갈비, 삼겹살, 오돌삼겹

뒷다리 : 엉치뼈 - 넓적다리뼈 - 무릎뼈 - 아랫다리뼈로 이루어진다

엉치뼈(관골) : 엉덩이를 이루는 뼈로 반골이라고도 한다. 전체적으로 나비 모양을 하고 있다. 엉덩이 쪽의 엉덩뼈와 아래 궁둥이 쪽의 궁둥뼈로 이루어진다. 안심을 분할할 때 엉덩뼈의 둥그렇게 들어간 부분에 머리 부분이 붙어있으므로 조심스레 작업한다. 골반뼈를 발골한 주변의 근육이 보섭살이 되고, 궁둥뼈 위쪽의 근육뭉치를 떼어내어 볼기살을 만든다. ※관련 부위: 안심, 보섭살, 볼기살

넓적다리뼈(대퇴골) : 발골하여 바깥쪽 근육뭉치를 설깃살, 안쪽을 도가니살로 분할한다.
※관련 부위: 설깃살, 도가니살

무릎뼈(슬개골) : 뒷다리를 장족으로 분할할 때 경계가 된다. 소고기의 경우 무릎연골을 따로 떼어내어 도가니로 상품화하지만 돼지는 별다른 쓰임새가 없다.

아랫다리뼈(하퇴골) : 종아리를 이루는 부위. 정강이뼈(경골)과 종아리뼈(비골)로 이루어져 있다. 발골하여 뒷사태살을 만든다. 넓적다리뼈와 아랫다리뼈를 합쳐서 뒷사골이라 부른다. ※관련 부위: 뒷사태살, 뒷다리 장족

부분육가공 공정

돼지 지육 입고
(2분도체)

지육 3분할
(6분도체)

전구 (전지, 전6분도체)	중구 (중지, 중6분도체)	후구 (후지, 후6분도체)
발골	발골	발골
목심, 앞다리, 갈비 분리	등심, 안심, 삼겹 분리	돈피 제거
		정형

전구:
- 돈피 제거
- 정형
- 목심, 앞다리, 갈비
- 소분할 및 정형

중구:
- 돈피 제거 / 돈피 제거
- 정형 / 정형 / 정형 / 정형
- 등심 / 안심 / 삼겹살
- 소분할 및 정형 / 소분할 및 정형

후구:
- 뒷다리

진공 포장 → 열 수축

냉각(Chilling) → 수분 제거

금속 검출

* 출처 : 2019 한국의 축산물 유통. 축산물품질평가원, 2019

돼지고기 부위별 주된 용도

대분할명		소분할명	구이	불고기 볶음	스테이크	수육	국, 찌개	찜	조림	잡채	튀김 (탕수육, 돈가스)
전구	목심	목 심 살	●	●	●	●	●	●			
	갈비	갈 비	●				●	●			
		갈 비 살	●					●			
		마 구 리					●	●			
	앞다리	앞다리살		●		●	●				
		앞사태살				●	●	●	●		
		항 정 살	●								
		꾸 리 살	●								
		부 채 살	●								
		주 걱 살	●								
중구	등심	등 심 살		●	●				●	●	●
		알등심살		●					●		
		등심덧살	●		●						
	삼겹살	삼 겹 살	●	●	●	●	●	●	●		
		갈매기살	●			●	●	●	●	●	●
		등 갈 비	●				●	●			
		토 시 살	●								
		오돌삼겹	●				●	●			
	안심	안심살	●	●	●			●	●		●
후구	뒷다리	볼 기 살		●			●		●		●
		설 깃 살		●			●			●	●
		도가니살					●				
		홍두깨살	●				●				
		보 섭 살		●			●		●		
		뒷사태살		●		●		찜	●		

* 앞다리에서 꾸리살, 부채살, 주걱살은 실제 현장에서 소분할육으로 분할하지 않는 경우가 대부분이다. 세 부위를 떼어낼 경우 남은 앞다리살의 활용도가 극히 떨어지기 때문이다. 뒷다리도 볼기살, 설깃살, 도가니살, 홍두깨살, 보섭살, 뒷사태살로 나뉘지만, 소분할해 작업하는 경우가 거의 없다. 후지(뒷다리) 부위를 뭉뚱그려 불고기, 찌개, 다짐육 또는 소시지 등 육가공의 원료육으로 사용하는 게 일반적이다. 부위육 가격이 낮아서 작업생산성이 나오지 않기 때문이다.

지육의 3분할(6분도체 만들기)

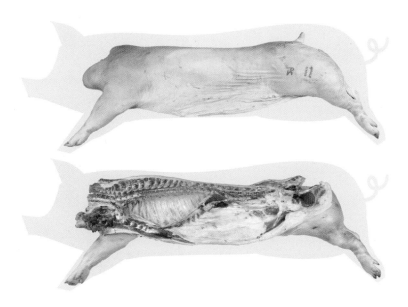

'도체'란 도축 후 머리와 혈액, 내장 등을 제거한 상태의 고기를 말한다. 한 마리의 도체를 등뼈의 중심선을 따라서 좌우로 길게 둘로 가르면 2분도체가 된다. '지육'이라고도 한다. 도체와 지육은 종종 동의어로 쓰인다. 같은 상태의 고기를 도체와 지육으로 달리 부르는 이유는 관점의 차이에서 비롯된다. '도축'한 고기라는 점을 강조하면 도체가 되고, '작업'을 위한 고기라는 점을 강조하면 지육이 되는 셈이다. 혹자에 따라서는 2분도체를 지육으로 보는 견해도 있다.

돼지고기의 분할은 2분도체를 다시 3등분하는 데서 시작된다. 둘로 나뉘어진 것을 3등분했기에 각각의 덩어리는 2×3 = 6분도체가 된다. 2분도체를 3등분하는 방법은 돼지고기의 부위별 분할 정형 기준(식품의약품안전처 고시 제2019-113호 별표3)으로 정해져 있다. 2분도체를 3분할한 6분도체의 명칭은 구체적으로 정해진 바가 없다. 통상 앞다리쪽 6분도체를 전구 또는 전지, 가운데 몸통쪽 6분도체를 중구 또는 중지, 뒷다리쪽 6분도체를 후구 또는 후지라고 부른다.

전구 분할

앞쪽(목 부분)에서 갈비뼈 4대 또는 5대를 남기고, 즉 제4갈비뼈(또는 제5갈비뼈)와 제5갈비뼈(또는 제6갈비뼈) 사이에 칼을 넣어 몸통을 자른다. 제4갈비뼈와 제5갈비뼈 사이를 자르면, 즉 돼지갈비 부분을 적게 가져가면 상대적으로 삼겹살 부위가 많이 나오게 된다. 돼지고기의 부위별 시세에 따라 작업자가 그 크기를 결정한다. 어느 지점에서 자르든, 농림수산식품부의 분할 정형 기준에 어긋나지는 않는다.

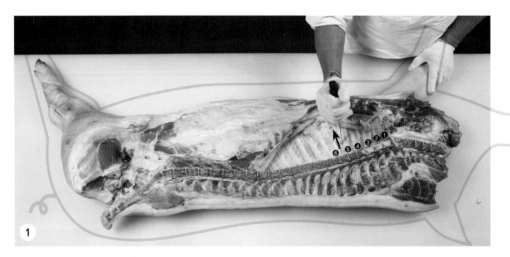

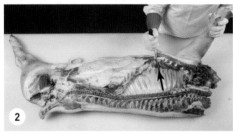

❶ 안쪽 제5갈비뼈와 제6갈비뼈 사이를 확인해 칼을 꽂는다. 제1갈비뼈가 지방에 덮여있어 잘 보이지 않을 경우, 갈비뼈에 칼집을 내가며 확인해도 된다.

❷ 갈비뼈를 따라서 지육 끝부분까지 수평으로 자른다. 마구리뼈 부분에 칼이 걸려 잘 안 들어갈 경우 칼을 약간 들어올려 절단한다. 부득이할 때는 쇠톱을 이용한다.

❸ 칼날 방향을 바꿔서 등 쪽의 가시돌기 쪽(등심 부위)을 절단한다. 살이 두터운 쪽이므로 절단면에 층이 지지 않도록 조심한다.

❹ 앞다리 종아리(사태 부위)를 잡고 꺾어서 등뼈를 자른다.

후구 분할

엉치뼈 바로 위에 위치한 안심의 시작 부위(안심머리)를 떼어내고, 허리뼈 끝부분과 엉치뼈 사이에 칼을 넣어 몸통을 자른다.

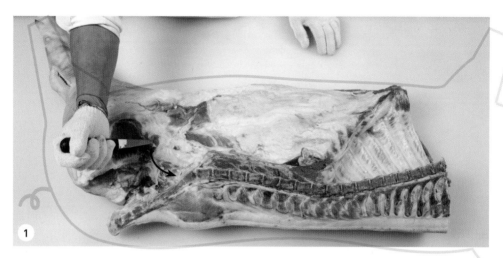

엉치뼈 절단면 끝부분 앞쪽에서 수평으로 6~7cm(손가락 3개 정도) 길이만큼, 3cm 정도 깊이로 파고 들어가 안심머리 부분을 들어낸다.

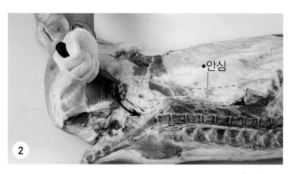

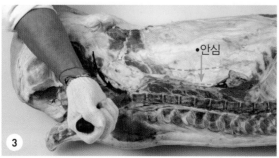

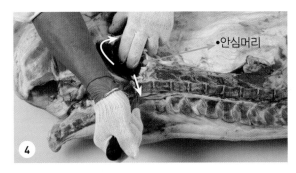

안심머리 부분을 잡고, 안심과 뒷다리살이 손상되지 않도록 조심하면서 안심머리 부분을 확실히 떼어낸다.

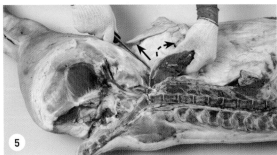

뒷다리 윗면의 지방을 자르고 삼겹살 끝부분을 붙잡고 뒷다리살을 따라 지방 사이를 자른다.

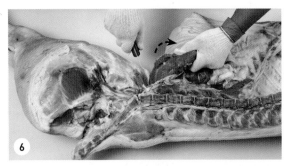

삼겹살 끝부분과 음낭지방을 잡아당기며 근막 사이를 절개해 허리뼈와 꼬리뼈가 꺾인 부분까지 자른다.

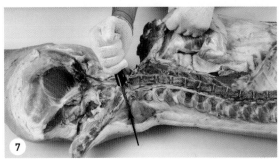

그 상태에서 엉치뼈를 따라 꼬리뼈 방향으로 허리뼈 끝과 꼬리뼈 사이의 마디를 자른다. 허리뼈에서 꼬리뼈로 이어지면서 45도 각도로 꺾이므로 정확히 자를 수 있도록 확인한다.

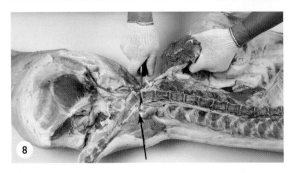

갈매기살 부분을 반대편 손으로 잡고서 등심과 삼겹살 부위를 수평으로 자른다.
허리뼈와 꼬리뼈 사이가 잘 분리되지 않을 경우 완전히 꺾어서 이음 부위를 분리한다.

각 분할에서 이런 고기가 나와요!

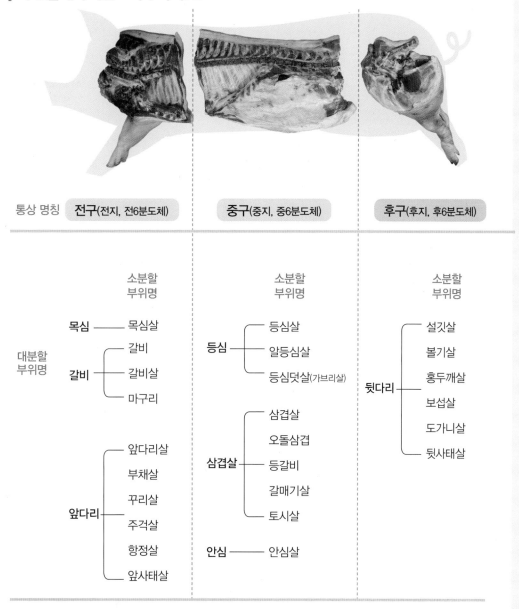

통상 명칭	전구(전지, 전6분도체)	중구(중지, 중6분도체)	후구(후지, 후6분도체)

	소분할 부위명		소분할 부위명		소분할 부위명
대분할 부위명	**목심** ── 목심살		**등심** ┬ 등심살		**뒷다리** ┬ 설깃살
	갈비 ┬ 갈비		│ 알등심살		│ 볼기살
	│ 갈비살		└ 등심덧살(가브리살)		│ 홍두깨살
	└ 마구리				│ 보섭살
					│ 도가니살
	앞다리 ┬ 앞다리살		**삼겹살** ┬ 삼겹살		└ 뒷사태살
	│ 부채살		│ 오돌삼겹		
	│ 꾸리살		│ 등갈비		
	│ 주걱살		│ 갈매기살		
	│ 항정살		└ 토시살		
	└ 앞사태살		**안심** ── 안심살		

현장에서 돼지 2분도체를 3분할하는 이른바 '삼각치기' 작업을 할 때는 뒷다리를 갈고리에 걸어 매단 상태에서 진행한다. 아래서부터 위로 올라가면서, 먼저 족발(단족) 부위를 절단하고, 이어서 갈비뼈 사이에 칼을 넣어 전구를 분할한다. 장족 생산 시에는 장족과 앞다리의 경계를 먼저 표시한 다음, 전구를 분할한다. 엉치뼈에 붙은 안심머리를 떼어낸 다음, 허리뼈와 꼬리뼈 사이를 갈라서 뒷다리를 분할한다. 작업의 연속성을 위해 완전히 분할하지는 않는다.

상품화 요령

* **불필요한 부분을 제거한다.** 힘줄, 근막, 연골 조각, 혈관 조직 등은 먹을 수 있는 부위가 아니다. 식감을 저해하는 부분을 말끔히 제거한다.

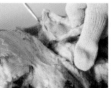

혈액찌꺼기	근막	림프선(속칭 이자, 자라)	혈관 조직

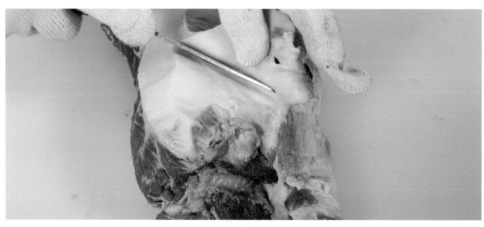

* **용도에 따라서 남겨야 할 지방의 두께를 정한다.** 돼지고기는 근내 지방이 적어서 지방을 지나치게 제거하면 퍽퍽해져서 맛이 저하된다. 구이용의 경우 살코기와 지방의 비율을 7:3 정도로 유지하는 것이 좋다.

* **고기 결을 살펴서 칼질의 방향과 두께를 결정한다.** 일반적으로 고기 결에 직각으로 자르게 되는데, 연한 부위의 고기를 이렇게 썰 경우 씹는 맛을 저해할 수도 있다. 또 얇게 썰었을 때 모양이 흐트러지는 경우도 생긴다. 필요에 따라서는 고기 결 방향이나 사선 방향으로 자른다. 얇은 부위의 경우 어슷하게 썰어서 단면을 크게 보이게 할 수도 있다. 자르는 두께는 구이용의 기준점이라 볼 수 있는 7mm를 중심으로 얇게, 혹은 두껍게 용도에 맞춰 진행한다.

돼지고기의 일반적인 커팅 두께와 용도

•1mm	•2~3mm	•7mm	•1cm	•1.5cm	•2~2.5cm	•10cm 이상	
샤브샤브용	불고기용	로스구이용	돈가스용	볶음, 찌개용	스테이크용	로스트용	

*돼지고기 상품화에서 기준점이 되는 두께는 7mm다. 정형 시 지방을 남기는 두께가 일반적으로 7mm이고, 구이용 두께 역시 7mm가 기준이 된다.

써는 방법

- **통썰기** : 고기 결의 직각 방향으로 자른다. 고기 결을 끊어냈기에 부드러운 식감을 준다. 대부분의 구이용 고기 썰기 방법에 해당된다. 구이용으로 자를 때는 두께를 일정하게 유지하는 것이 중요하다.

- **어슷썰기** : 칼을 눕혀서 고기 결의 직각 또는 사선 방향으로 자른다. 절단면을 크게 할 수 있어서 얇은 부위육 가공 시 주로 사용한다.

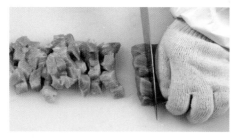

- **깍둑썰기** : 1.5cm 두께의 정육면체로 자른다. 카레용에 적합하다.

- **채썰기(막대썰기)** : 탕수육이나 잡채용으로 적합하다.

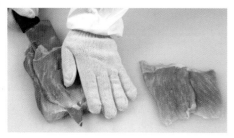

- **결방향썰기(나박썰기)** : 고기 결 방향으로 납작하게 썬다. 다소 질기지만 모양이 흐트러지지 않는 장점이 있다. 제육볶음용에 쓰인다.

전구 발골 및 분할

전구(전지, 전6분도체)에서는 분할 정형 작업을 거쳐 목심·앞다리·갈비를 얻을 수 있다. 목심은 정형 과정을 거쳐 소분할육인 목심살이 되고, 앞다리는 분할해 소분할육인 앞다리살·앞사태살·항정살·부채살·꾸리살·주걱살이 된다. 갈비의 소분할육은 갈비·갈비살·마구리로 나뉜다.

전구 부위의 이해

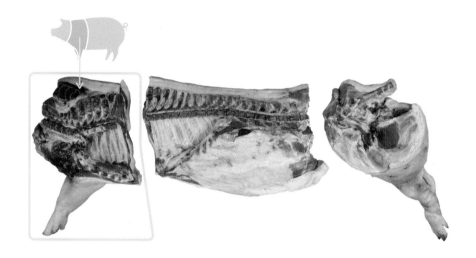

전구를 등 쪽, 안쪽, 머리쪽, 몸통 쪽에서 본 모습

좌측(머리쪽) 단면에서 항정살의 위치를 정확히 확인할 수 있다.
우측(꼬리 쪽) 단면에서는 목심살에 더해진 등심덧살(가브리살) 일부를 볼 수 있다.

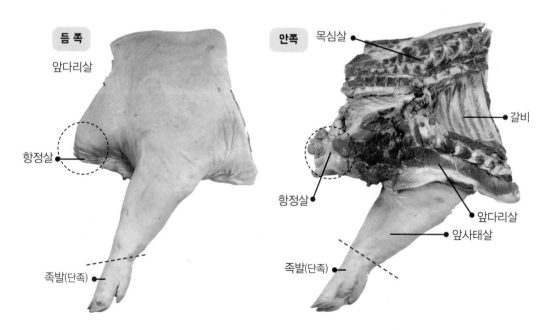

전구의 분할, 발골 작업은
일반적으로 목뼈 및 등뼈 발골 → 갈비 분할 →
목심 분할 → 팔뼈 및 어깨뼈 발골 → 항정살 분할의
순서로 진행된다.

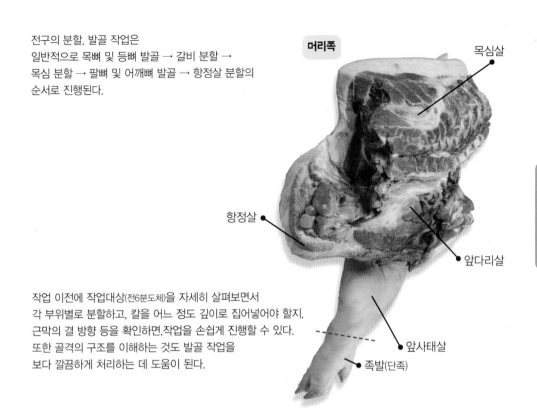

머리쪽

목심살

항정살

앞다리살

앞사태살

족발(단족)

작업 이전에 작업대상(전6분도체)을 자세히 살펴보면서
각 부위별로 분할하고, 칼을 어느 정도 깊이로 집어넣어야 할지,
근막의 결 방향 등을 확인하면,작업을 손쉽게 진행할 수 있다.
또한 골격의 구조를 이해하는 것도 발골 작업을
보다 깔끔하게 처리하는 데 도움이 된다.

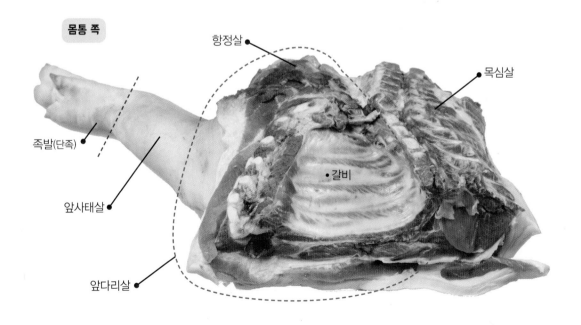

몸통 쪽

항정살

목심살

족발(단족)

갈비

앞사태살

앞다리살

목뼈 및 등뼈 발골

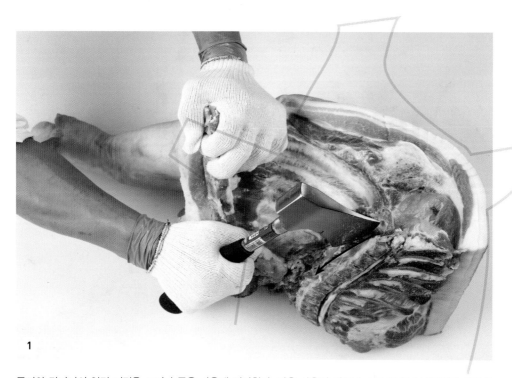

1

등뼈와 갈비뼈의 연결 지점을 도끼나 톱을 사용해 절단한다. 칼을 사용해 떼어낼 수도 있으나 결합면이 단단하기 때문에 도끼를 주로 이용한다.

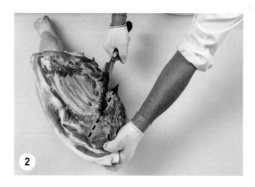

2

전구의 몸통 쪽(아래쪽 면)을 위로 세운 다음, 갈비뼈와 등뼈의 연결 부위를 도끼로 끊은 후 등뼈와 목뼈 밑으로 칼을 넣어 뼈 부위를 떼어낸다. 현장에서는 도끼를 주로 사용하지만, 작업이 익숙지 않을 경우에는 칼을 사용해 미리 칼집을 넣어 준 다음 톱으로 절단하는 게 수월한 방법이다. 떼어낸 목뼈와 등뼈는 주로 감자탕 재료로 활용한다.

최근에는 갈비와 목심 경계에 위치한 근육, 소고기로 제비추리에 해당되는 부위를 따로 떼어 '넥타이살'이라는 이름으로 판매하는 식당도 생겼다.

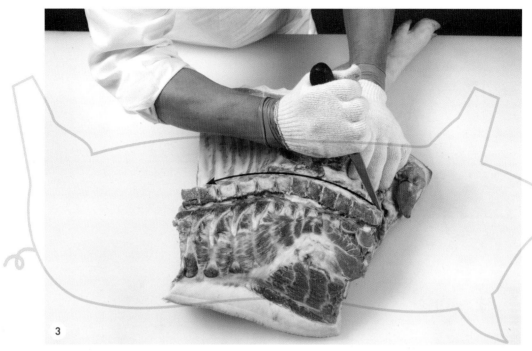

3

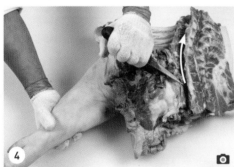

4

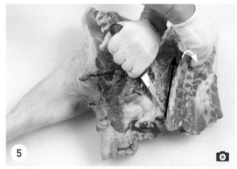

5

발골칼을 사용해 등뼈와 목뼈를 발골한다.

6

7

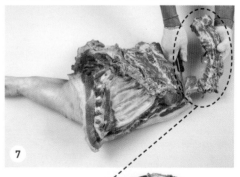

📷 작업 흐름의 이해를 돕기 위해
고기의 방향을 통일시킴으로써
부득이하게 좌우 반전한 사진

발골한 등뼈와 목뼈

81

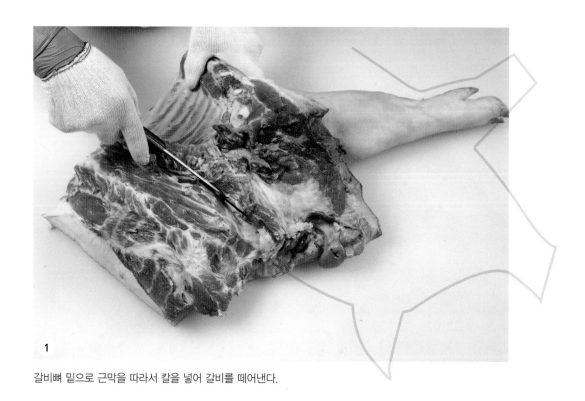

갈비뼈 밑으로 근막을 따라서 칼을 넣어 갈비를 떼어낸다.

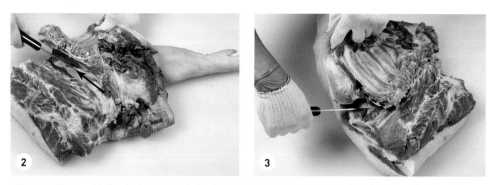

제1갈비뼈의 5cm 앞에서 수직으로 칼을 넣는다. 근막을 따라서 깊은 흉근과 얕은 흉근이 포함되게 갈비뼈 부위를 떠내는 식으로 분리한다. 작업자에 따라서 목심과의 경계선에 미리 칼집을 넣어 표시한 후 갈비 분할을 진행하기도 한다.

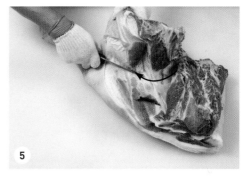

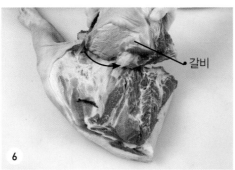

갈비

갈비 분할 후 혈관 등 불필요한 부분과 겉지방을 깔끔하게 제거해 정형한다. 갈비뼈와 가슴뼈 사이를 잘라서 마구리를 분리할 수도 있다. 갈비 부위에서 갈비뼈와 마구리를 제거해 살코기 부위만을 남겨 정형하면 소분할육 '갈비살'이 된다.

갈비를 떼어낸 전구의 모습

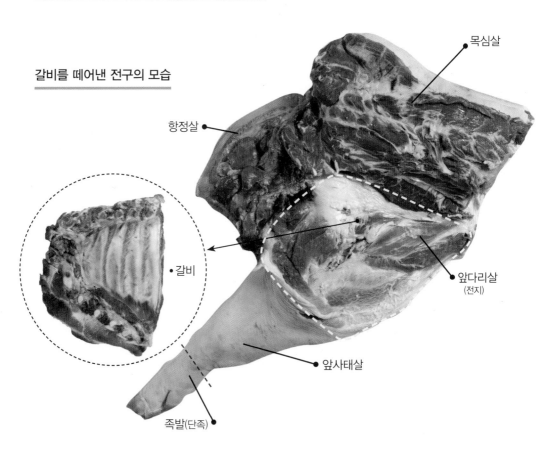

목심살

항정살

갈비

앞다리살
(전지)

앞사태살

족발(단족)

갈비

골즙과 육즙이 어우러지는 독특한 맛

• 토마호크

• 찜갈비   • 왕갈비

갈비는 근육 내 지방이 풍부해 풍미가 좋은데, 뼈에서 우러나오는 골즙이 살로 스며들어 독특한 맛을 내기 때문에, 바비큐, 찜, 양념갈비 등의 용도로 널리 쓰인다.

갈비뼈 사이를 자른 후 아래쪽 살을 발라내어 손잡이를 만드는 식으로 모양을 다듬는 일명 '토마호크' 식으로 상품화하기도 하며, 일정한 간격으로 갈비뼈와 직각으로 절단한 'LA식 갈비'로도 만든다. 제3~제5갈비뼈는 살밥이 두툼하다. 병풍뜨기로 살을 펼쳐서 상품화한 '왕갈비'는 간단히 소금만 뿌려서 숯불에 굽는 생갈비 메뉴로 인기가 좋다. 캠핑 바비큐 문화의 확산으로 갈비 한 채를 은근한 열기에 통으로 굽는 '갈비 통구이'로도 자주 활용된다. 소분할육 갈비살은 갈비 부위에서 갈비뼈와 마구리를 제거하여 살코기 부분만을 남겨 정형한 것이다.

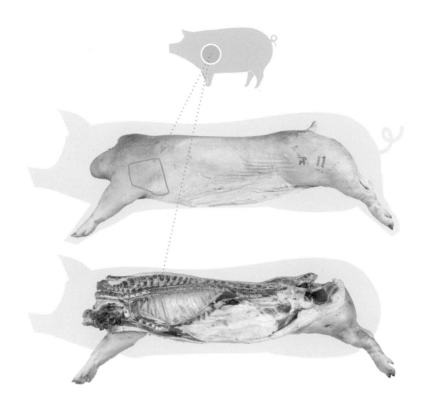

▌마구리 분할

마구리는 돼지 도축 후 2분도체를 만들 때 좌, 우 어느 한쪽에 붙여서 분할하기 때문에 돼지갈비를 구입했을 때, 있을 수도, 없을 수도 있다. 갈비 한 채를 양손으로 잡고서 오므려보면 접히는 지점이 있는데 이곳에 칼집을 넣어 분리한다. 마구리는 적당히 살을 붙여서 탕이나 찜에 넣는 막갈비로 상품화한다.

마구리

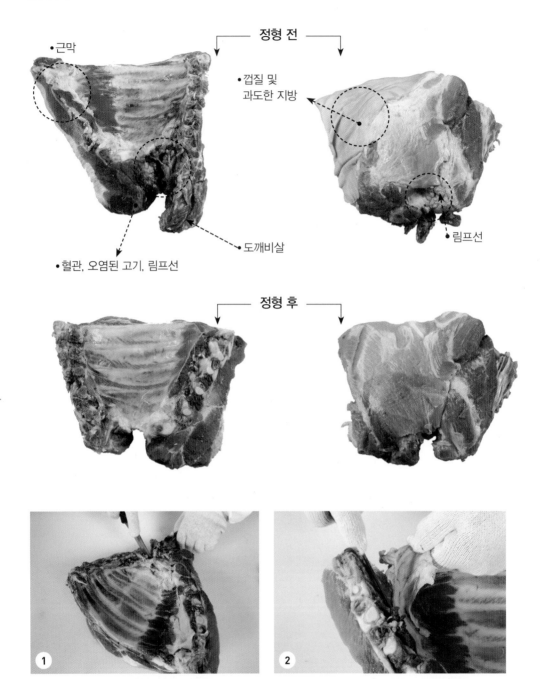

정형 전

• 근막

• 껍질 및
  과도한 지방

• 혈관, 오염된 고기, 림프선

도깨비살

림프선

정형 후

정형은 제1갈비뼈 앞부분에 있는 혈관, 림프선, 오염된 고기 등을 제거하고, 늑골 위의 핏덩어리와 골발 후 남아있는 뼛조각을 말끔히 떼어낸다.

마구리를 따로 떼어내지 않을 경우 가슴뼈 위의 지방층도 함께 걷어낸다.

상품화 ❶ 왕갈비

살집이 두툼한 제3~제5갈비뼈 부위는 따로 떼어낸 후, 살을 펼치는 병풍뜨기를 해 왕갈비로 상품화한다.

상품화 ❷ 토마호크 스타일

갈비뼈 사이를 잘라서 분리한 다음, 아래쪽 살을 떼어내거나 반으로 접어올려 도끼 모양으로 다듬는 토마호크 스타일로 상품화한다.

상품화 ❸ 찜갈비

골절기를 이용해 가로로
3등분한 다음, 뼈 사이에
칼집을 넣어 찜갈비로 만든다.

목뼈와 등뼈가 있던 지점을 기준으로 가로로 잘라서 목심을 분할한다.

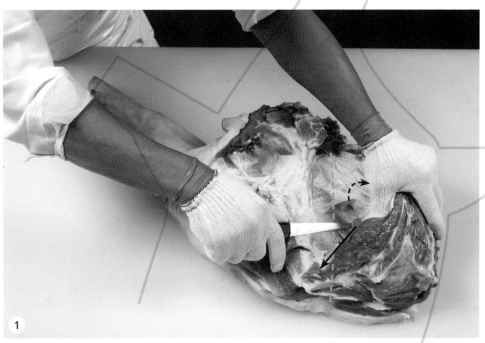

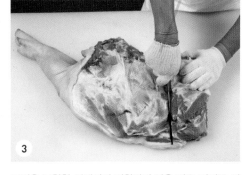

목심을 분할할 경계선이 명확하지 않을 경우, 갈비를 떼어낸 지점에서 어깨뼈 안쪽의 근막을 따라서 목심 밑으로 칼집을 약간 넣는다.

전구 발골 및 분할

목심살

풍부한 육즙에서 나오는 짙은 풍미

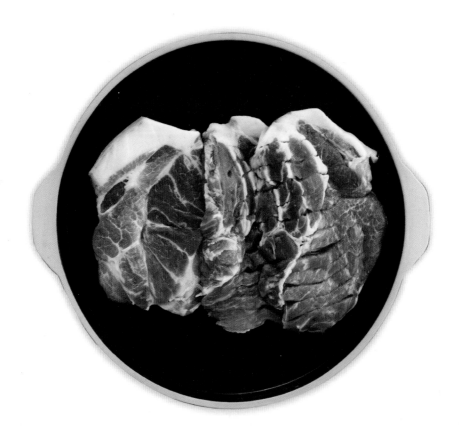

목심살은 삼겹살과 함께 돼지고기에서 선호도가 높은 부위다. 제1목뼈에서 제4등뼈 또는 제5등뼈까지의 목과 등을 구성하는 굉장히 많은 근육이 불규칙하게 모여서 다발을 이룬 형태다. 국내 분할 정형 기준에서 목심살은 순수하게 목살로만 구성된 게 아니라, 윗등심의 일부 – 제1등뼈에서 제4등뼈 또는 제5등뼈까지 – 를 포함하고 있다. 앞다리살과의 분할은 등가장긴근(배최장근) 아래쪽을 기준으로 앞다리살 사이를 평행하게 절단해 정형한다.

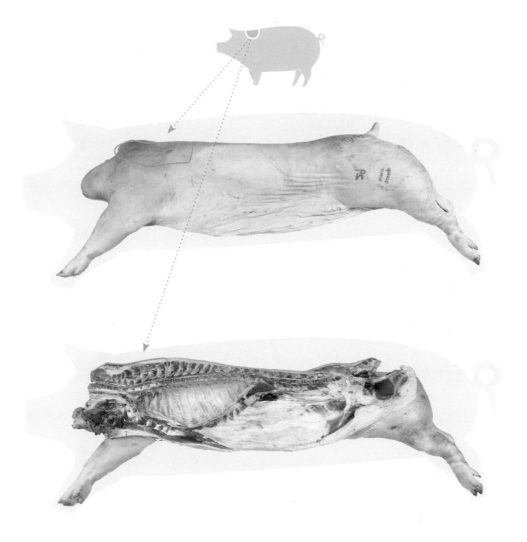

정형하기

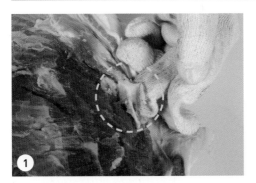

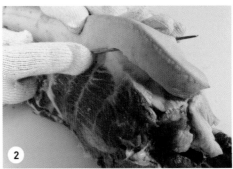

정형은 목 절단면 쪽에 집중해 연골조각과 오염된 부위, 근막, 골막 등을 우선적으로 제거한다. 또 2분체 절단면 중간에 있는 혈관을 손으로 눌러서 피가 나오면 제거한다. 등 쪽의 지방은 5~7mm 두께로 다듬는다.

정형을 마친 목심살의 바깥면과 안쪽. 목심살은 어느 부위를 커팅해 상품화해도 맛이 좋다. 무엇보다 목 쪽에 가까운 부위가 고기결이 다소 거칠고 질긴 식감을 주더라도 맛이 짙고 육즙이 풍부하다.

상품화 시에는 먼저 앞부분(머리쪽)의 울퉁불퉁한 면을 잘라내어 모양을 다듬는다.

잘라낸 부위는 손가락 두께로 썰어 찌개용으로 활용한다.

상품화 ❶ 스테이크용

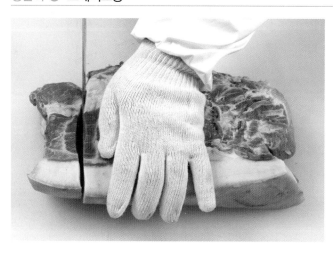

순수 목심살로 이루어진 앞부분은 2~3cm 두께로 두툼하게 썰어서 스테이크용으로 상품화한다. 이때 박피하지 않고 껍질이 붙은 상태로 작업하면 구웠을 때 껍질의 꼬들함을 느낄 수 있어 맛이 배가 된다.

상품화 ❷ 구이용, 샤브샤브용

전체 목심살을 1cm 정도 두께로 두툼하게 썰어서 소금 구이용으로, 또는 얇게 커팅해 로스구이나 샤브샤브용으로 상품화할 수 있다.

구이용으로 상품화할 때, 직경이 가는 양 끝부분을 보다 두껍게 썰고, 가운데로 갈수록 폭을 약간씩 줄여서 조각당 중량이 일정하게 나오도록 자른다. 절단하기 전에 랩으로 둥글게 말아서 잠시 냉동시켜 표면을 굳힌 후 일정한 간격으로 자르면 형태가 일정하게 유지되어 깔끔하다.

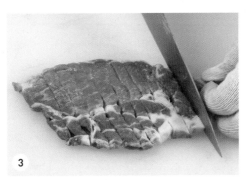

뒷부분(등심쪽)에 가까워질수록 앞쪽에 비해 아무래도 풍미가 떨어진다. 이 부위는 절단한 목심살 앞뒷면에 칼집을 넣어 양념구이용으로 상품화하기도 한다.

팔뼈와 어깨뼈를 제거하는 순서는 작업자의 편의에 따라서 진행한다. 족발(단족)을 분할하고 아래서부터 위쪽으로 올라가면서 발골 작업을 진행하거나, 어깨뼈에서 출발해 아래팔뼈까지 아래로 내려가기도 한다.

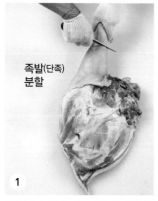

족발(단족)
분할

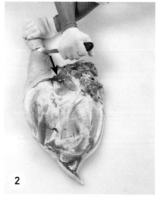

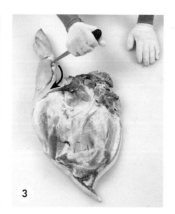

족발(단족) 절단 지점에서 어깨 쪽으로 올라가면서 발골 작업을 진행한다.

족발(단족) 분할부터 발골 작업을 시작할 때, 뼈를 완전히 절단하지 않고 남겨두면 손잡이처럼 활용할 수 있어 수월하게 작업할 수 있다.

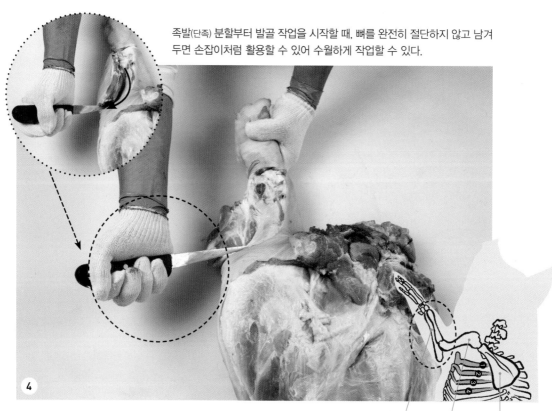

아래팔뼈　　윗팔뼈　　어깨뼈

팔뼈

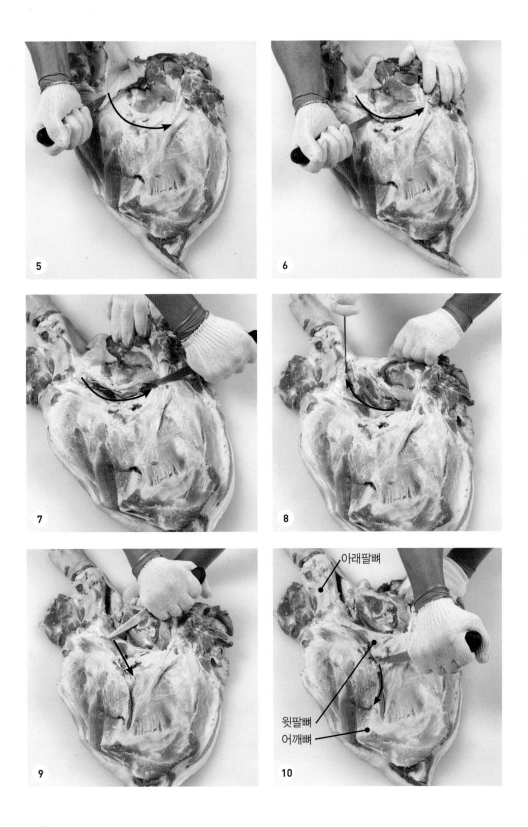

5

6

7

8

9

10

아래팔뼈

윗팔뼈
어깨뼈

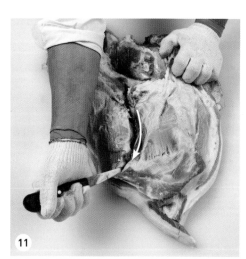

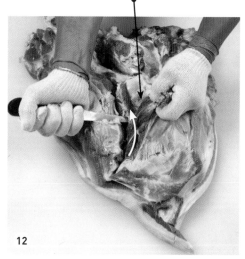

부채덮개살

11

12

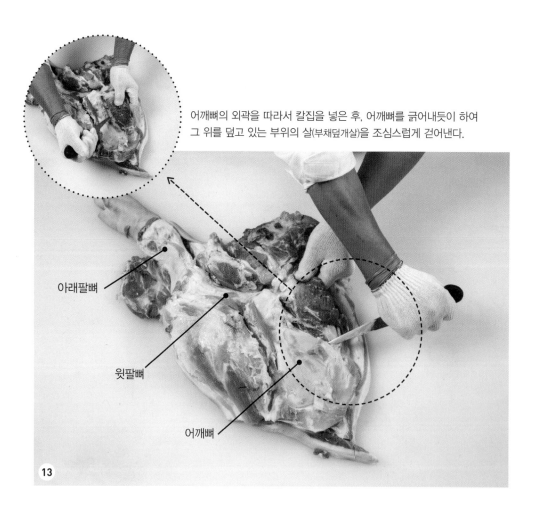

어깨뼈의 외곽을 따라서 칼집을 넣은 후, 어깨뼈를 긁어내듯이 하여
그 위를 덮고 있는 부위의 살(부채덮개살)을 조심스럽게 걷어낸다.

아래팔뼈

윗팔뼈

어깨뼈

13

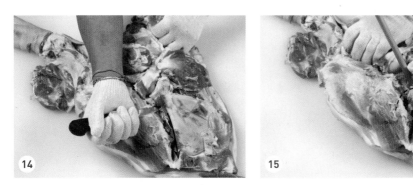

부채덮개살을 걷어내고 뼈의 전체적인 윤곽이 드러나면 어깨뼈 아래쪽에 직각으로 칼을 넣어 윗팔뼈와의 연결 지점을 자르고, 어깨뼈 가시돌기로 이어지는 근막을 끊는다. 어깨뼈 밑으로 봉 줄을 집어넣어 지렛대로 활용해 발골한다.

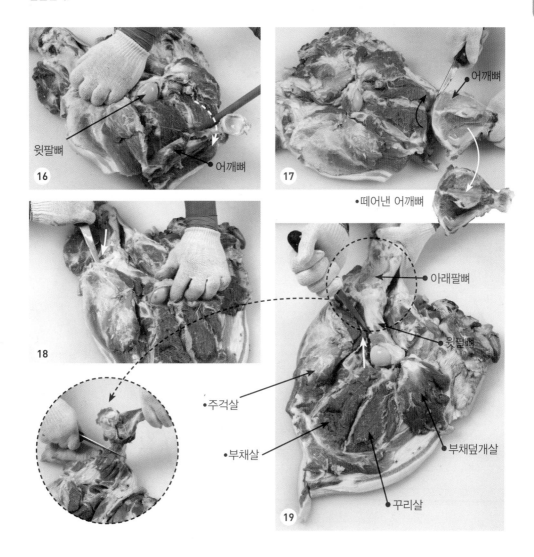

97

갈비 분할 후 전구

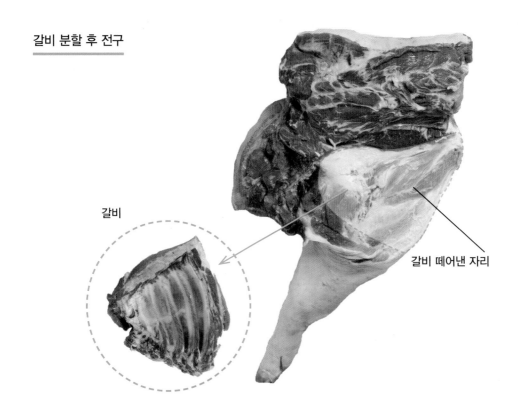

갈비

갈비 떼어낸 자리

전구 발골 전·후 모습

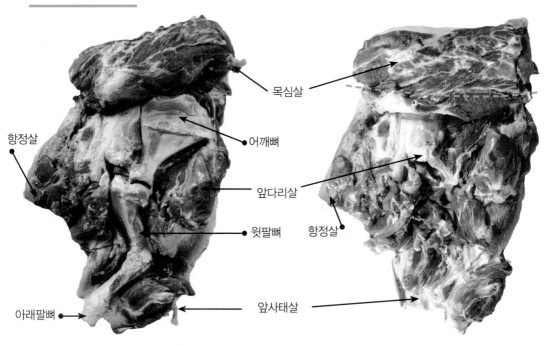

목심살

어깨뼈

앞다리살

항정살

항정살

윗팔뼈

아래팔뼈

앞사태살

전구 발골 후 목심살과 앞다리살, 앞사태살을 분할한 모습

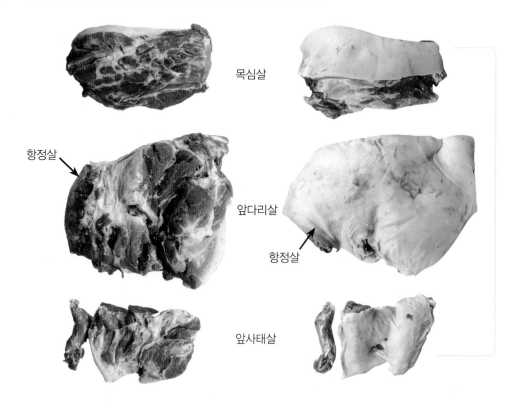

목심살

항정살

앞다리살

항정살

앞사태살

전구 발골 및 분할

전구 발골 후 모습

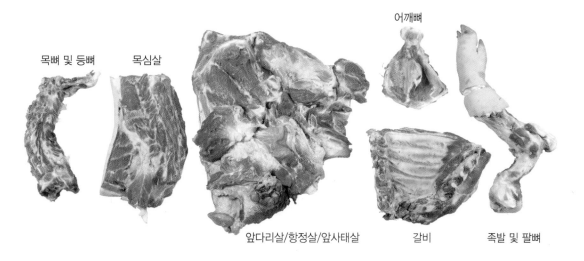

어깨뼈

목뼈 및 등뼈   목심살

앞다리살/항정살/앞사태살   갈비   족발 및 팔뼈

99

앞다리살

풍미와 색이 짙은 만능 부위

어깨 부위의 고기로 육색이 짙으면서 지방이 적어 조리 용도가 다양하다. 얇게 썰어서 불고기로 쓰거나 찌개용으로 주로 활용한다. 지방층을 잘 살리고 모양을 다듬어서 소금 구이용으로 개발할 수도 있다. 움직임이 많은 부위로 육색이 짙고 다소 질기지만 지방이 적고 비타민B_1 등 영양소가 풍부한 것으로 알려진다.

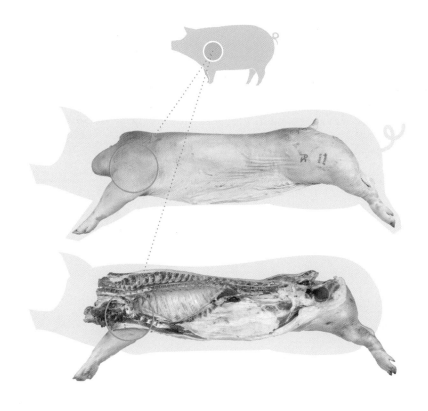

상품화 ❶ 소금구이용

소금구이용으로 상품화할 때는 1~1.5cm 두께로 두툼하게 썬다. 앞다리살은 살코기 비중이 높기 때문에 굽고 난 뒤에 수분이 증발해 딱딱해지는 경향이 있다. 천천히 오래 익혀 지방이 고기 속으로 녹아들어가 부드러움을 더해주도록 한다.

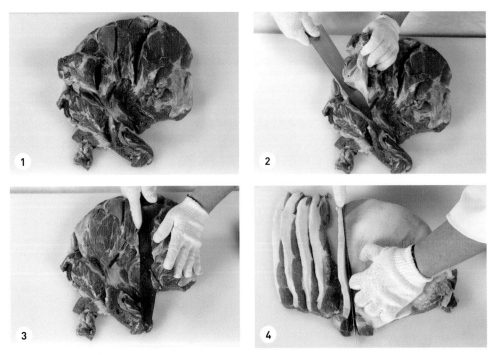

어깨뼈 발골 지점을 중심으로 윗면의 두터운 살코기를 적절하게 잘라내어 두께를 맞춘다. 슬라이스했을 때 지방층이 전체 두께의 3분의 1 정도가 되면 적당하다. 정형한 앞다리살을 뒤집어서 1~1.5cm 두께로 두툼하게 썬다.

상품화 ❷ 열탄불고기용

앞다리살 덩어리를 네모 반듯하게 다듬는다. 정형 과정에서 나온 자투리 고기는 찌개용으로 활용한다.

2

손가락 4개 두께로 잘라
크게 3등분한다.

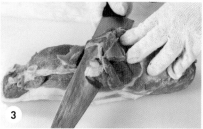

3

두터운 부위에 칼집을 내
넓게 펼친다.

4

다듬은 두 부위를 겹친다.

5

비닐을 이용해 단단하게 만다.

6

7

냉동 후 육절기를 이용해 얇게 슬라이스한다.

| 목뼈 및 등뼈 발골 > 갈비 분할 > 목심 분할 > 팔뼈 및 어깨뼈발골 > **항정살 분할** |

목심, 갈비 등을 떼어낸 전지(앞다리살)에서 목덜미 부위에 위치한 항정살을 분할한다. 항정살이 있는 부위에는 림프선과 지방, 혈액찌꺼기 등이 많이 뭉쳐 있으니 말끔하게 제거한다.

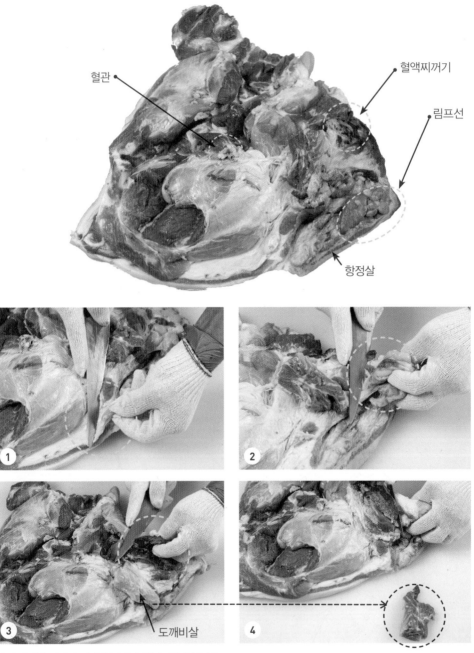

작업 방식에 따라서 갈비에 붙거나, 앞다리살에 붙어 '도깨비살'이라고 부른다. 소금구이용으로 적합하다.

104

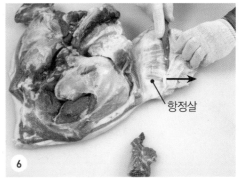

항정살

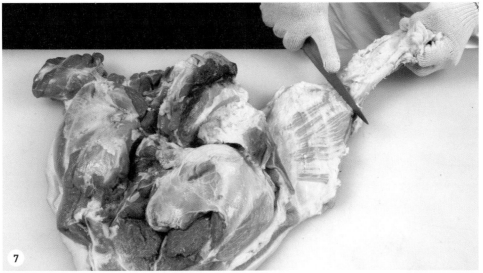

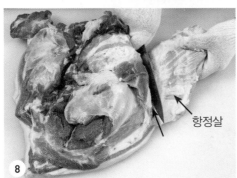

항정살

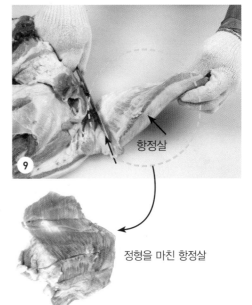

항정살

생산 현장에서는 항정살을 앞다리살과 분리하기 전에
등쪽 지방을 용도에 맞는 두께로 정형하고, 이어 안쪽
면을 다듬는 방식을 주로 사용한다.

정형을 마친 항정살

[항정살]

꼬들하고 아삭한 식감의 감칠맛

박피 항정살

미박 항정살(이겹살)

턱 아래쪽 덜미에 해당되는 부위의 살이다. 과거에는 껍질은 물론, 지방까지 최대한
제거해 정형(박피 항정살)했으나 요즘에는 껍질을 남긴 상태로 다듬어서 상품화(미박 항정
살)하기도 한다. 항정살 지방 특유의 단단하면서도 고소한 맛에 구웠을 때 껍질의 쫄깃
함이 맛을 배가시킨다.

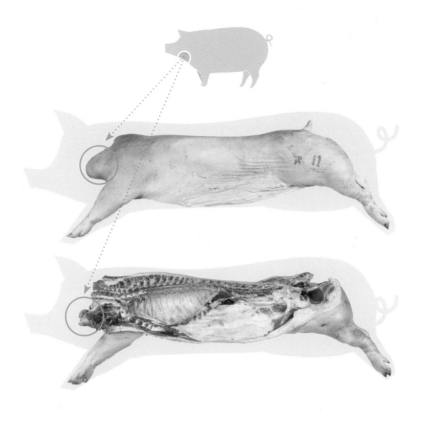

정형하기

① 항정살 부위에는 수많은 림프절이 있다. 또한 도축 시 방혈이 이루어지는 부위라서 혈액찌꺼기 등을 깔끔하게 제거해야 한다.

정형을 마친 항정살

1차 정형을 마친 후, 순수한 살코기만 남기고 껍질과 지방을 제거한다. 용도에 따라서 박피와 지방 다듬기를 생략하기도 한다. ❹가 껍질을 벗겨내지 않은 미박 항정살이다.

상품화 ❶ 2장을 겹친 다음, 고기 결의 직각 방향으로 썬다

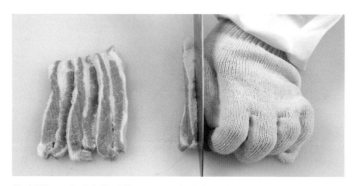

박피 항정살

항정살은 고기 결이 한 방향으로 고르지 않게 구성되어 있다. 근육의 방향을 살펴서 크게 이등분하고 2장을 겹쳐서 7~8mm 두께로 썬다.

상품화 ❷ 미박 항정살을 두툼하게 썬다

미박 항정살

껍질을 벗기지 않은 미박 항정살을 다소 두툼하게 썬다. 이때 칼을 눕혀 어슷하게 잘라서 절단면을 크게 한다.

상품화 ❸ 고기 결의 직각 방향으로 어슷하게 구이용으로 썬다

근육의 방향을 살펴서 이등분하고 칼을 눕혀 다소 두툼한 한입 크기로 썬다. 항정살을 구이용으로 상품화하는 일반적인 방법이다.

앞사태살 분할

아래팔뼈를 감싸는 부위의 뭉치 근육이다. 앞다리살과 분리해 절단한다.

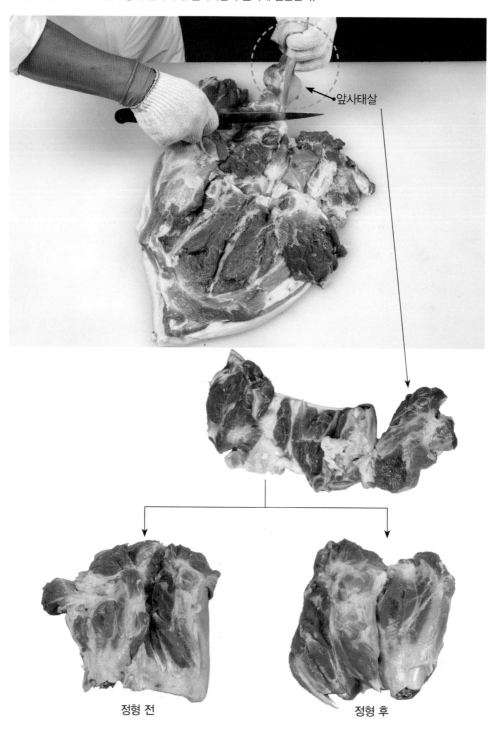

앞사태살

정형 전

정형 후

앞사태살

오래 삶아야 제맛

앞다리 아래팔뼈를 감싸는 부위. 사람으로 따지면 팔뚝에 해당된다. 대개 족발을 자를 때, 장족으로 분리하면 같이 떨어져 나가게 되어 정육점에서 의외로 찾아보기 힘든 부위다. 앞사태살은 섬유질 방향이 일정해 주로 수육이나 장조림 등 장시간 조리하는 용도로 이용한다. 육색이 짙고 질겨서 다짐육으로도 자주 이용하는데, 이 경우 겉면의 질긴 근막 등 결합 조직을 반드시 제거해야 한다.

돼지 족발은 뒷다리보다 앞다리가
인기가 높다. 이 앞다리 족발에서
단족(아강발)을 제외하고
남는 부위가 박피하지 않은 상태의
앞사태살이다. 오래 끓일수록
결합 조직이 분해되어
쫄깃한 식감을 더해주기에
수육이나 장조림 외에 찌개용으로도
자주 이용된다.

뒷다리의 사태살은 지방이 거의 없는
살코기이기에 조리 후
퍽퍽한 식감을 준다.
반면, 앞사태살은 지방과 살코기가
적절하게 섞여 있어 쫄깃하면서도 씹을수록
감칠맛이 더해져 풍미가 배가된다.

상품화 ❶ 수육용

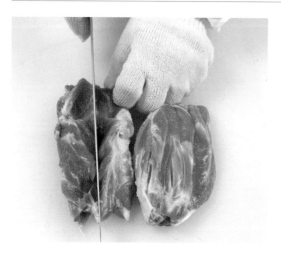

앞사태살의 상품화는 겉면의 지방과 근막, 힘줄
을 제거하고 모양을 다듬은 후, 근육의 결이 잘
보이도록 길게 반으로 잘라 덩어리 그대로 트레
이에 담아낸다.

112

주걱살, 부채살, 꾸리살 분할

앞사태살까지 떼어내면 전지(앞다리살)의 분할이 사실상 마무리된다. 어깨뼈를 덮고 있던 깊은 흉근(심흉근)인 주걱살, 어깨뼈 바깥쪽 어깨뼈가시돌기 아래와 위쪽에 위치한 부채살과 꾸리살을 떼어낼 수 있다. 이들 소분할육은 2015년 이후 개정된 고시에서 새로 지정된 구이용 부위지만 현장에서는 거의 작업하지 않는다.

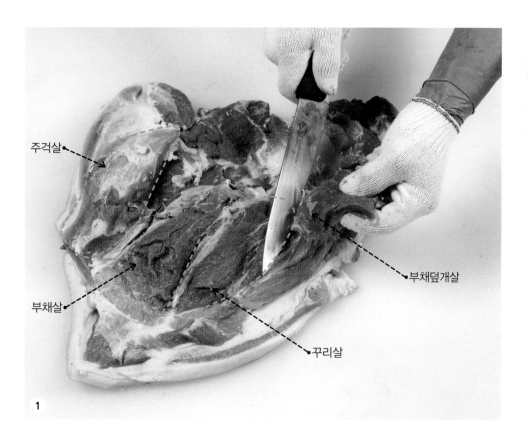

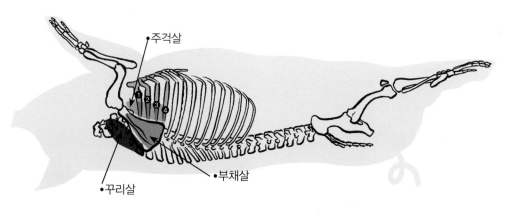

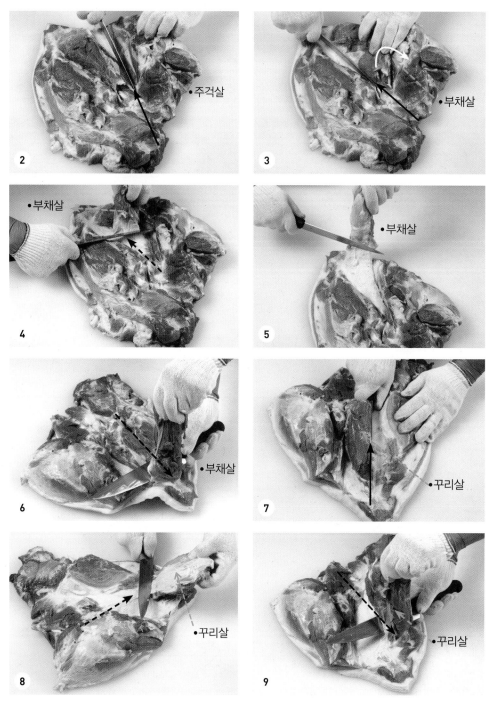

어깨뼈 바깥쪽 아래 위(또는 좌우)쪽에 있는 부채살과 꾸리살, 그리고 앞다리 분할 시 안쪽에서 봤을 때 어깨뼈 아래쪽에 위치한 깊은 흉근인 주걱살은 저지방 구이용 부위로 알려지지만 정육 현장에서는 거의 작업되지 않기에 소비자 입장에서는 따로 구하기가 어렵다. 굳이 이 부위가 필요하다면 앞다리살 전체에서 부채살과 꾸리살이 있는 부위를 중심으로 주걱살까지 한 덩어리로 잘라서 구입하는 방법이 있다. 부채살, 꾸리살, 주걱살의 생산량은 한 마리에서 각각 758g, 841g, 1,009g으로, 2분도체에서는 약 두 근의 정육이 나오게 되므로 일반 소비자가 구매하기에 그리 부담되지 않는 크기다.

부채살

앞다리에서 나오는 저지방 구이용 부위

식약처 고시인 [소·돼지 식육의 표시방법 및 부위 구분기준]이 2015년에 개정되면서 새롭게 추가된 돼지고기 소분할육이다. 그러나 앞다리살에서 부채살, 꾸리살, 주걱살 등 새롭게 추가된 소분할육을 떼어낼 경우, 남은 부위의 활용이 어렵고, 전지(앞다리살) 부위의 상품성이 낮아지기에 실제 현장에서 그렇게 작업하는 경우가 극히 드물다.

부채살, 꾸리살, 주걱살은 이른바 '저지방 구이용 근육'에 속하는 부위로 지방 함량이 낮은 대신, 열을 가해도 수분을 잃지 않고 보유하는 보수력이 높아서 조리 후에도 퍽퍽하지 않고 오랫동안 부드러움을 유지하는 특성이 있다.

부채살은 앞다리살을 부가가치가 높은 구이용으로 활용하기 위해 세분화해 정의한 분할육이지만, 현장에서는 어깨뼈가 있던 부위를 중심으로 전체 전지(앞다리살)를 반으로 잘라내어 어깨뼈 쪽 부위를 슬라이스해 구이용으로 상품화한다. 이렇게 하면 부채살, 꾸리살, 주걱살의 세 부위가 모두 포함되어 상품성이 높아지게 된다. 나머지 앞다리살 부위는 찌개용이나 다짐육으로 가공한다.

부채살은 어깨뼈 바깥쪽 어깨뼈가시돌기 아래쪽에 있는 가시아래근(극하근)으로 그 위쪽에 있는 가시위근(극상근)인 꾸리살과 나란히 위치한다. 주걱살은 앞다리 대분할 시 분리된 앞다리쪽 깊은흉근(심흉근)으로 부채살, 꾸리살 등 저지방 구이용 근육 중에서 풍미가 가장 우수하다.

정형하기

부채살 정형 전

정형 시에는 질긴 근막을 말끔하게 제거한다.

부채살 정형 후

상품화　소금구이용

단면적이 크게 나오도록 칼을 눕혀서 6~8mm 두께로 어슷하게 자른다.

전구 분할을 마친 모습

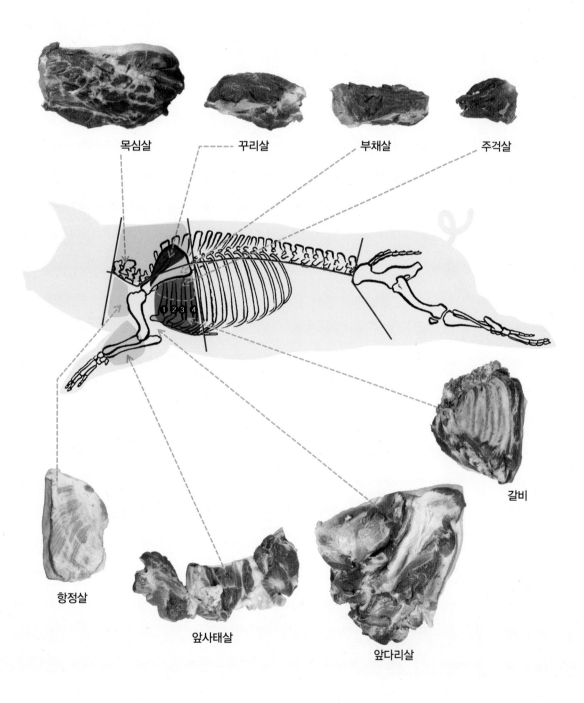

목심살

꾸리살

부채살

주걱살

갈비

항정살

앞사태살

앞다리살

앞다리를 장족으로 분할할 경우

앞다리 족발을 장족으로 분할할 경우의 전구 발골, 분할 과정이다. 앞사태살을 족발에 포함시켜 분할한다는 점을 제외하면 과정은 단족으로 했을 때와 거의 동일하다.

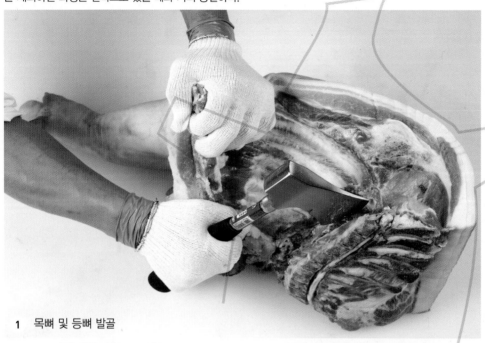

1 목뼈 및 등뼈 발골

2

3

4

장족으로 분할할 경우에는 우선 앞다리와 장족의 분할선을 넣어준다. 장족에 포함되는 사태 부위의 돼지 껍질이 신축 작용에 의해 살과 분리되는 현상이 발생하여 장족의 상품성을 저하시키는 것을 방지한다.

갈비 분할

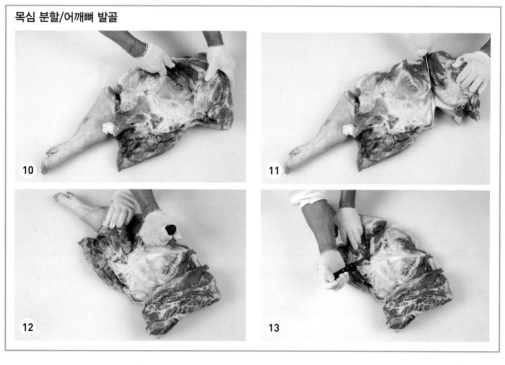

5

6

7

8

9

목심 분할/어깨뼈 발골

10

11

12

13

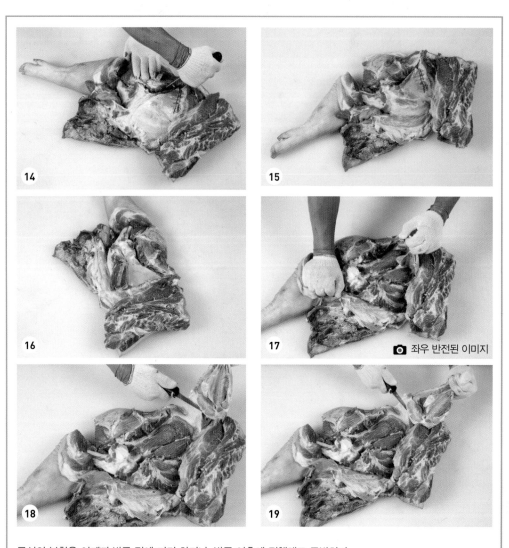

14

15

16

17 📷 좌우 반전된 이미지

18

19

목심의 분할은 어깨뼈 발골 전에 미리 하거나, 발골 이후에 진행해도 무방하다.
여기서는 어깨뼈 발골이 수월하도록 앞다리살과 목심을 사이의 근막을 따라서 칼집을 깊게 넣어준 다음,
어깨뼈를 발골하고 목심살을 마지막으로 분할하는 방식을 사용했다.

앞다리를 장족으로 발골 및 분할을 마친 모습

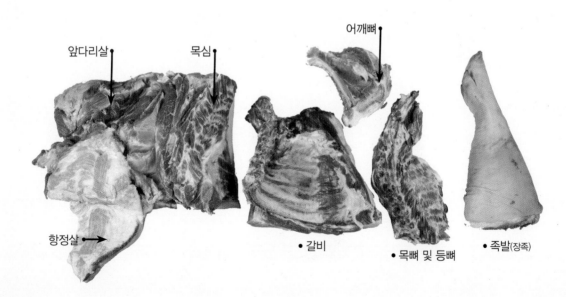

앞다리살   목심

어깨뼈

항정살 →

• 갈비   • 목뼈 및 등뼈   • 족발(장족)

121

※ 돼지고기의 부위별 분할 및 정형은 식약처 고시에서 정한 기준을 따릅니다.
　다만 그 구체적인 순서와 방법은 작업하는 업체마다 차이가 있어.
　이 책에서는 서울 마장동축산물시장의 육가공업체에서 주로 작업하는 방식을 따랐습니다.

중구 발골 및 분할

중구(중지, 중6분도체)에서는 대분할육으로 등심·안심·삼
겹살을 얻을 수 있다. 이를 다시 소분할하면 축산물 고시
에서 지정한 등심살·알등심살·등심덧살·안심살·삼겹
살·갈매기살·등갈비·토시살·오돌삼겹 등 9가지 소분할
육을 얻을 수 있다.

중구 부위의 이해

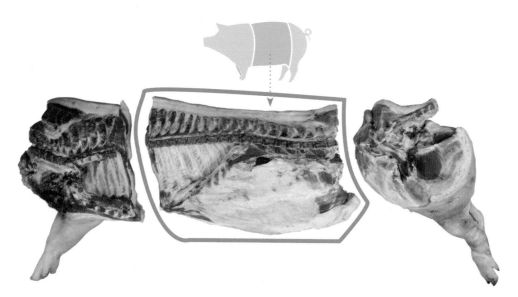

중구에서는 소분할육으로 등심살과 알등심살, 등심덧살, 삼겹살, 오돌삼겹, 등갈비, 안심살, 갈매기살, 토시살 등이 나온다. 전구나 후구에 비해 분할 및 발골 작업이 수월한 편이다. 돼지고기 부위별 분할 고시에는 나와 있지 않지만 새로운 스펙을 원하는 시장의 요구에 따라서 등갈비 작업 시 등심을 함께 붙여내는 뼈등심(폭찹Pork Chop, 프렌치랙French Rack, 본인찹Bone-in-chop) 작업이 늘고 있는 추세다.

중구를 등 쪽, 안쪽, 머리쪽, 몸통 쪽에서 본 모습

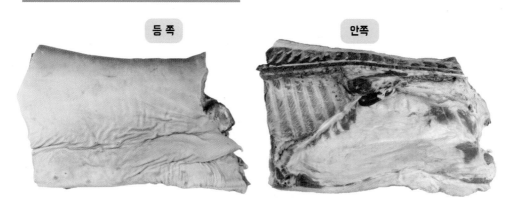

등 쪽   안쪽

머리쪽

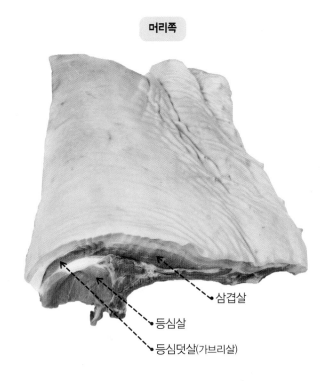

삼겹살

등심살

등심덧살(가브리살)

몸통 쪽

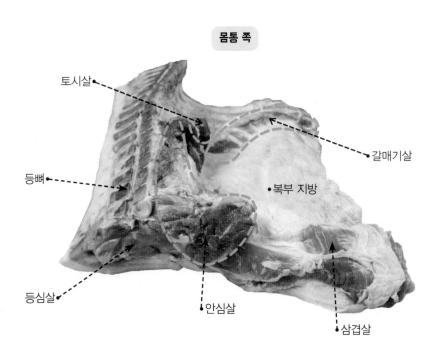

토시살

갈매기살

등뼈

•복부 지방

등심살

•안심살

•삼겹살

125

▌발골 및 분할 작업의 순서

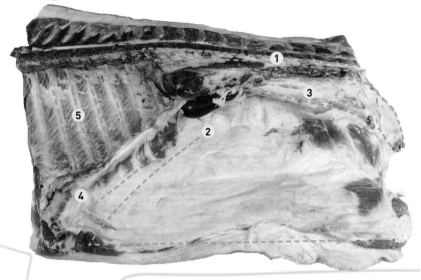

- 등뼈를 따라 붙어있는 굵은 혈관(배대동맥)을 떼어낸다.
- 횡격막 아래쪽으로 칼집(점선 참조)을 넣어서 두터운 복부 지방을 뜯어내듯이 제거한다.
- 안심살을 떼어낸다.
- 횡격막 근육인 갈매기살을 분할한다. 토시살이 붙어있을 경우 함께 분할한다.
- 갈비뼈를 제거해 삼겹살을 얻고, 등뼈를 발골해 등심을 분할한다.

▌복부 지방 제거

복부 지방이 두터워서 제거하기 어려울 경우, 가운데 칼집을 넣어 이등분하고 나눠서 제거한다.
복부 지방은 앞다리 절단면 방향(점선 표시선의 꼭지점 부근)부터 잡아당기면 쉽게 제거할 수 있다.
작업을 용이하게 하기 위해 봉 줄을 지렛대로 이용하기도 한다.

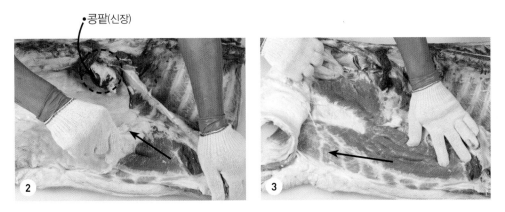

•콩팥(신장)

2

3

복부 지방 제거 시 콩팥이 함께 떨어지기도 한다. 지방 제거 시 갈매기살과 안심살이 손상되지 않도록 조심한다.

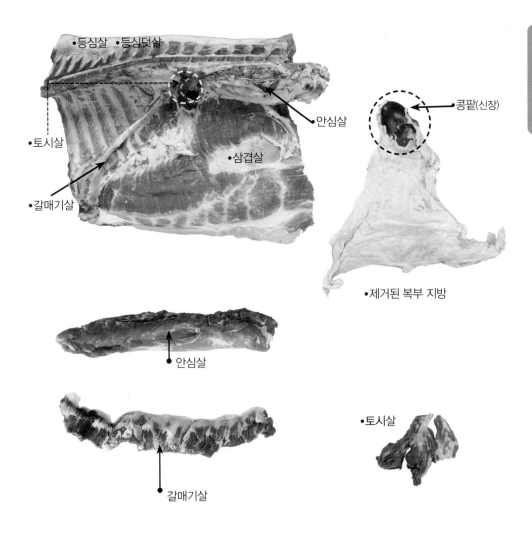

•등심살 •등심덧살

•안심살

•콩팥(신장)

•토시살

•삼겹살

•갈매기살

•제거된 복부 지방

•안심살

•토시살

•갈매기살

안심 및 갈매기살 분할

안심, 갈매기살, 토시살 및 콩팥(신장)은 서로 이어진 형태다. 분할할 때 함께 떼어낸 다음, 각 부위육으로 정형한다. 콩팥(신장)은 복부지방 제거 과정에서 자연스레 떨어져 나가기도 한다.

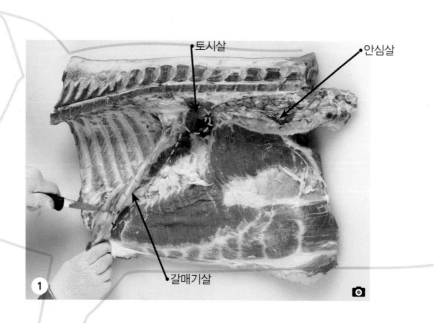

토시살 · · · 안심살

갈매기살

1

토시살 분할

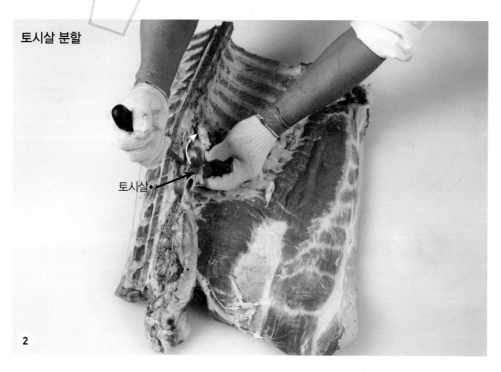

토시살 ·

2

📷 작업 흐름의 이해를 돕기 위해 고기의 방향을 통일시키고 좌우 반전한 사진

갈매기살 분할

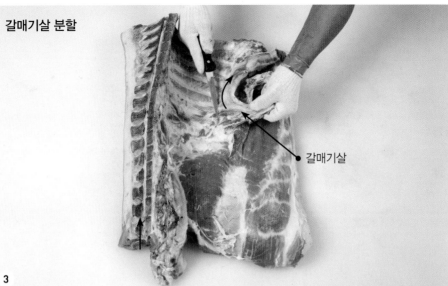

갈매기살

안심살 분할

3

4

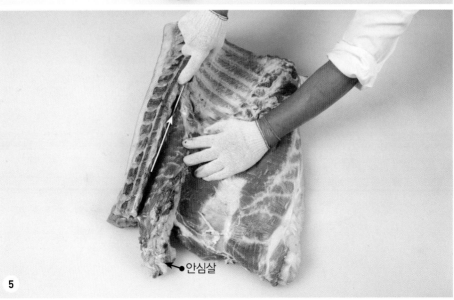

안심살

5

중구 발골 및 분할

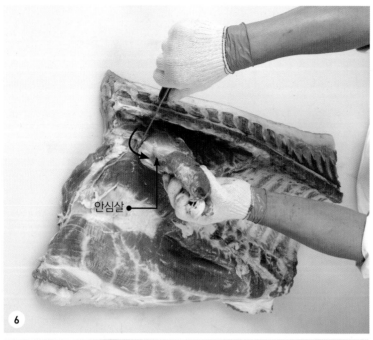

안심살

6

안심살

7

- 횡격막 근육인 갈매기살을 분할한다. 이때, 안심 쪽에 붙어있는 토시살이 따로 떨어지지 않도록 같이 붙여서 제거한다. (사진 ❶~❸)
- 안심꼬리 부분부터 허리뼈를 따라서 칼을 밀어 넣어서 분리한 다음, 다시 칼을 눕혀서 안심 밑면, 즉 갈비뼈 윗면과 허리뼈 가로돌기 윗면을 깎아내듯이 안심을 잘라낸다. 안심 아랫부분에 붙어있는 날개살 부위가 따로 떨어지지 않도록 주의한다. (사진 ❹~❼)
- 칼을 삼겹살에 바짝 붙여 넣어서 윗면에 고기가 남지 않도록 주의하고, 밑면이 상처 없이 깔끔하게 절단한다.

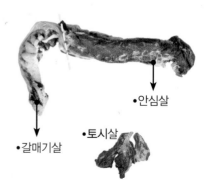

•안심살

•갈매기살

•토시살

안심살

제일 부드럽다

허리뼈 안쪽의 몸 중앙 부분에 붙어 있는 근육이다. 대요근과 소요근, 장골근과 날개살(사이드 근육)로 이루어져 있다. 돼지고기 중에서 가장 결이 곱고 부드러운 부위며 비타민B_1을 가장 많이 함유하고 있다.

저지방, 저칼로리의 살코기 부위로 근육 방향이 일정해 국내에서는 장조림용으로 주로 쓰인다. 이외에도 돈가스와 탕수육, 꼬치구이, 카레나 잡채용으로도 이용된다.

워낙 부드러워서 두껍게 잘라서 이용하는 편이 좋은데, 내부에 지방이 거의 없기에 오래 삶거나 구우면 퍽퍽해지는 특징이 있다. 때문에 돈가스 등 식용유를 사용하는 조리에 적합하며, 지방이 거의 없는 단점을 보강하기 위해 삼겹살 같은 기름진 부위의 살로 감싸서 조리하기도 한다.

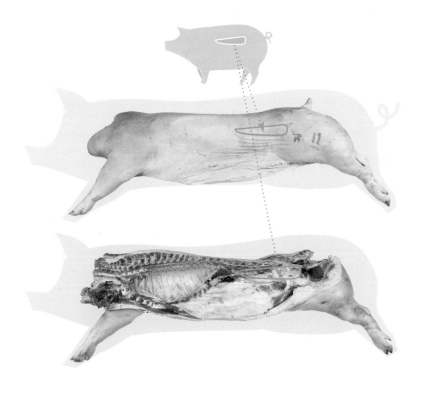

정형하기

안심머리 부분부터 표면 지방을 걷어내어 안심살을 정형한다. 안심머리 쪽에 있는 림프선을 비롯해 지방, 핏덩이를 제거하고, 뒷면에 연골과 뼈 부스러기 등이 있으면 제거한다. 안심 위쪽에 있는 하얀색의 근막은 전체 길이의 절반 정도 칼을 사용해 제거하고, 나머지 부분은 근막이 얇아지므로 칼을 사용하지 않고 손으로 잡아당겨서 제거한다. 근막을 제거할 때 고기 표면에 층이 지지 않도록 조심해서 작업한다. 용도에 따라서 소요근과 날개살을 분리하기도 한다.

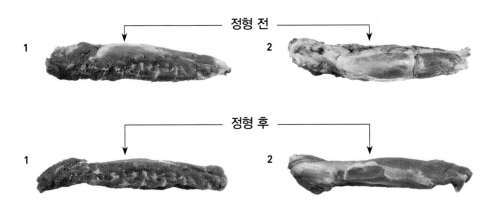

정형 전

1   2

정형 후

1   2

┃ 추가 정형 - 큰허리근과 작은허리근의 분리

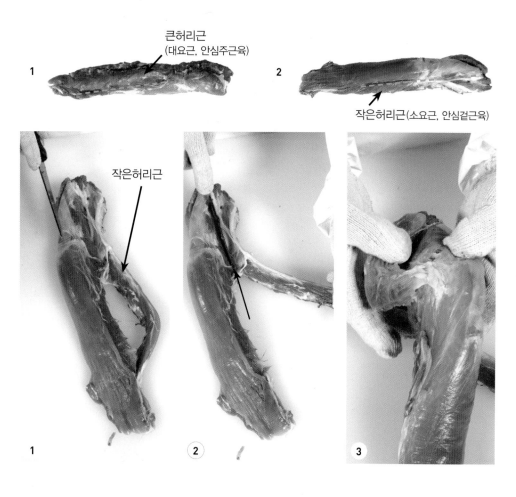

큰허리근
(대요근, 안심주근육)

작은허리근(소요근, 안심겉근육)

작은허리근

1

2

3

작은허리근

큰허리근

안심햄처럼 안심의 전체적인 형태를 중시하는 상품화 작업 시,
큰허리근과 작은허리근을 분리해 큰허리근을 활용한다.

상품화 ❶ 장조림, 수육용

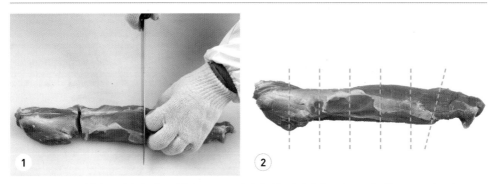

기본적으로 블록 형태로 잘라서 상품화한다. 끝으로 가면서 가늘어지기에 꼬리 부분을 한쪽으로 치우치게 좁고 비스듬히 잘라서 절단면의 크기를 맞추어준다.
수육용으로 통째로 꼬리 부분을 ⅓로 접어서 상품화하거나, 트레이 규격에 맞추어 3등분 정도 잘라서 담는다.
장조림용으로 5cm 정도 크기로 잘라서 진열하기도 한다.

상품화 ❷ 카레용

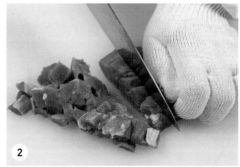

안심의 몸통 부분만을 이용해 1cm 두께로 깍뚝썰기해 카레용으로 상품화한다.

갈매기살

쫄깃하게 씹히는 맛

갈비뼈 안쪽의 횡격막을 이루는 부위로 쇠고기의 안창살에 해당된다. 갈매기살이라는 명칭은 배와 가슴 사이에 가로놓인 근육질의 막, 즉 횡격막을 가리키는 '가로막살'에서 유래되었다.

내장에 가까운 부위기에 약간의 냄새가 있지만, 기름이 없고 육질이 쫄깃해 인기가 높다. 근섬유다발이 굵으면서도 보수력이 좋아서 씹을수록 육즙이 풍부하게 우러난다.

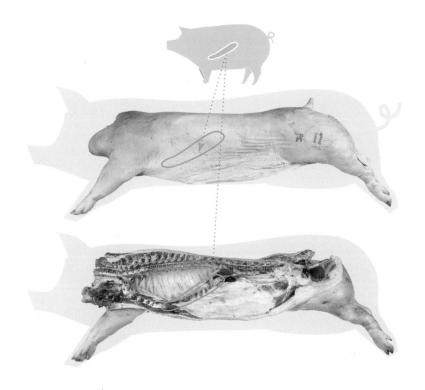

근막 제거 방법 1　칼로 벗겨냄

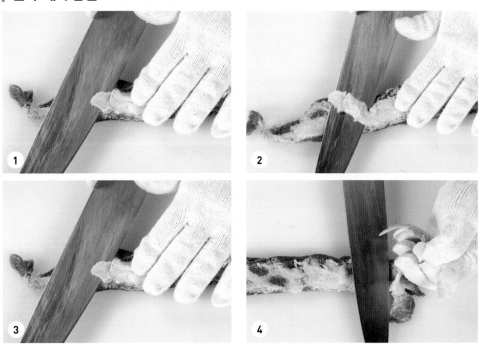

칼을 눕혀서 근막과 두터운 지방층을 함께 제거한다. 아무래도 지방층이 많이 떨어져나가기에 조리했을 때 다소 퍽퍽한 식감을 줄 수 있다. 손실율도 가장 높은 편이다.

| 근막 제거 방법 2 손으로 뜯어냄

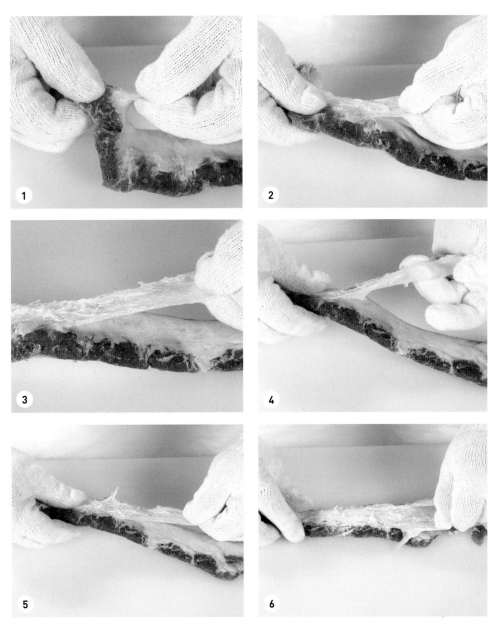

갈매기살 양쪽(또는 한쪽) 면에 붙어있는 근막을 손으로 당겨서 뜯어내는 식으로 제거한다. 근막을 제거하는 가장 일반적인 방법이나 손질하는 시간이 제일 많이 소요된다.

▌근막 제거 방법 3 파채칼로 잔 칼집을 넣음

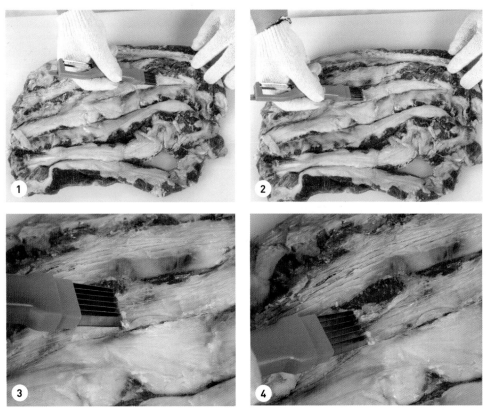

근막을 제거하는 대신, 파채칼을 이용해 근막 부위에 잔 칼집을 넣어준다. 돼지고기의 근막은 그리 질기지 않아서 잔 칼집을 넣어주는 정도로 식감을 저해하지 않는다. 물론, 근막을 제거했을 때에 비해 근막이 다소 꼬들하게 씹히는 감촉이 있지만 고소한 맛이 있어서 별미로 즐길 수 있다. 손질하는 시간을 절약할 수 있는 방법이다.

상품화 구이용 ❶

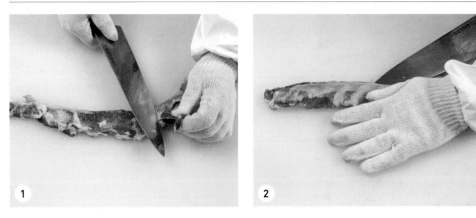

갈매기살을 길이 방향으로 반으로 가른 후, 고기 면에 십자 형태로 칼집을 넣는다. 근막을 제거하지 않아도 고기 결에 칼집이 들어가서 연해지기에 질긴 식감이 덜한다.

상품화 구이용 ❷

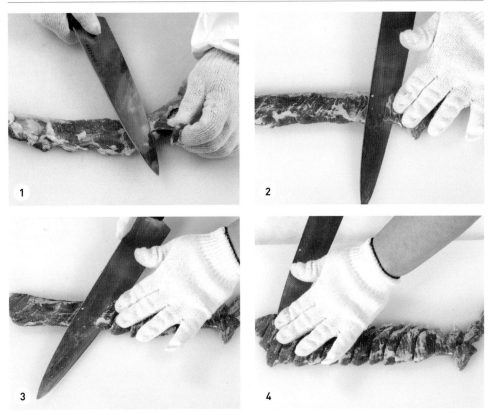

칼날을 눕혀서 어슷하게 썬다. 절단면이 커져서 구이용으로 적당한 크기가 된다. 가장 연한 식감을 느낄 수 있는 방법이다.

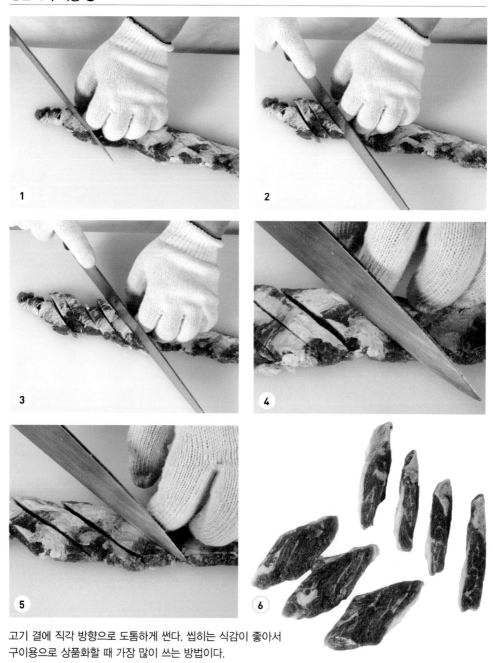

고기 결에 직각 방향으로 도톰하게 썬다. 씹히는 식감이 좋아서
구이용으로 상품화할 때 가장 많이 쓰는 방법이다.

토시살

귀하디 귀하다

갈비뼈 안쪽의 가슴뼈에 부착되어 횡격막(갈매기살) 사이에 드러나 있는 근육으로 갈매기살에서 분리해 정형한다. 돼지 한 마리에서 불과 80g 밖에 나오지 않는 희소한 부위다. 갈매기살이 한 마리에서 300~400g, 등심덧살이 450g 정도 나온다는 점을 비추어보면 얼마나 귀한 부위인지 알 수 있다. 나오는 양이 워낙 적기에 따로 분류하지 않고 갈매기살에 포함시키는 경우가 대부분이다. 토시살은 갈매기살과 유사한 특징을 지녀 육색이 짙고 고기 결이 거칠다. 특히 운동량이 많아서 씹히는 질감이 젤리처럼 쫄깃하다.

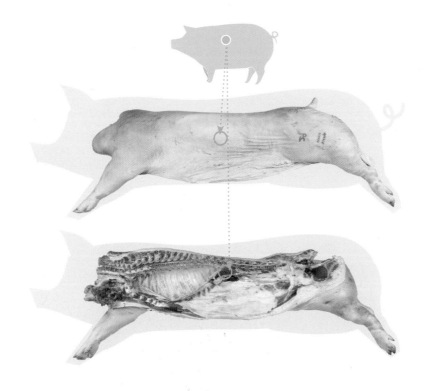

상품화 구이용

갈매기살

토시살

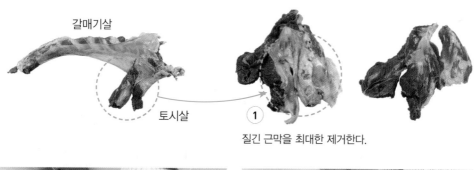

(1) 질긴 근막을 최대한 제거한다.

2

3

반으로 가른 다음, 잔 칼집을 넣는다. 힘줄이 있으면 칼 끝으로 다지듯이 끊어준다.

삼겹, 등갈비 분할

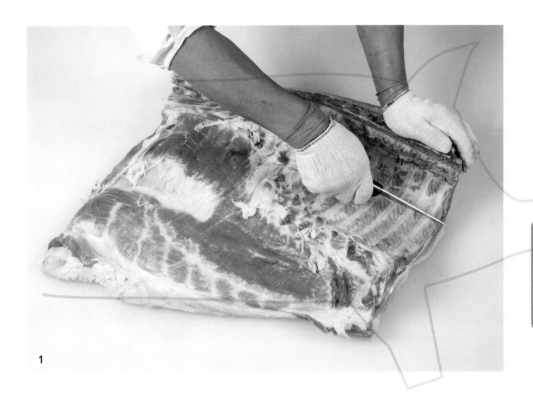

삼겹에서 등갈비를 분할할 경우, 분할할 폭의 크기를 정해 그 끝점에 가로로 길게 칼집을 넣는다. 그 폭은 등심의 부챗까지 포함하는 크기로 잡는 것이 이상적이다.

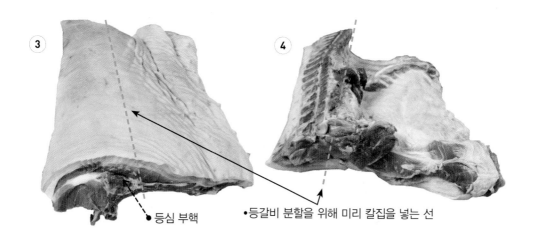

•등심 부핵

•등갈비 분할을 위해 미리 칼집을 넣는 선

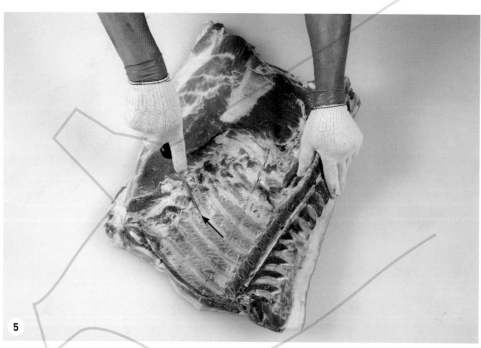

삼겹살을 작업자의 몸 앞으로 놓고서 갈비뼈 가운데로 칼집을 넣는다. 이때 칼의 깊이는 뼈 두께로 한다. 갈비뼈 끝 지점에서 늑연골과의 연결 부위를 찾아서 칼로 돌리듯이 해 끊는다.

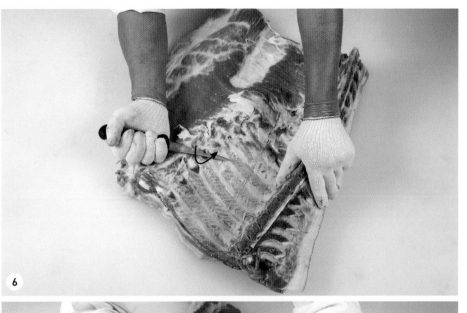

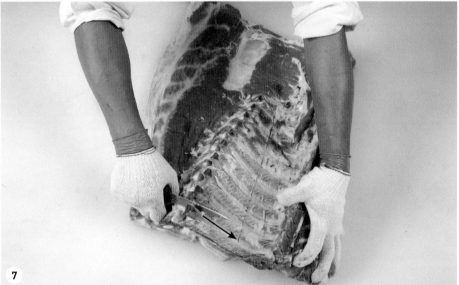

9

전용 도구를 이용해 밀어서 갈비뼈가 튀어나오게 한다.

•전용 도구

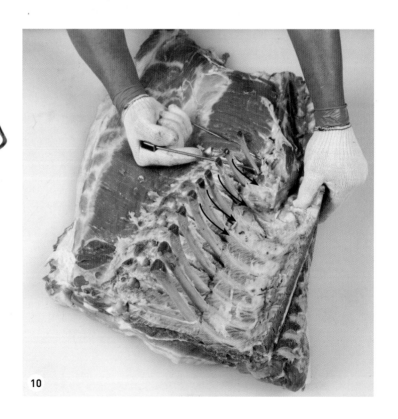

10

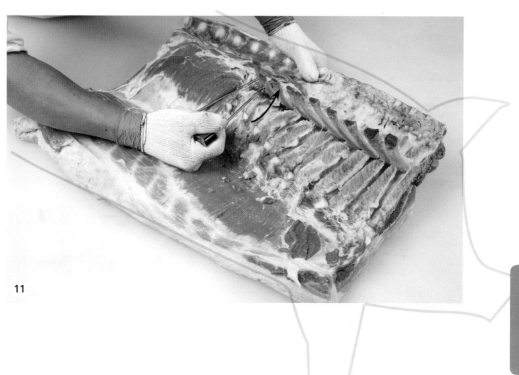

11

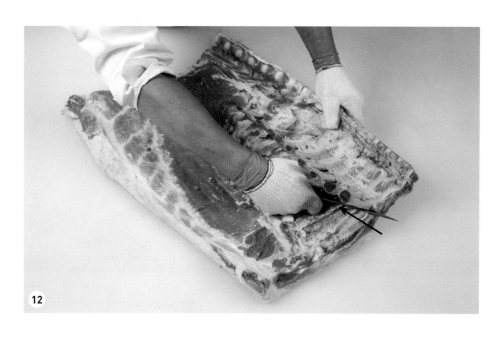

12

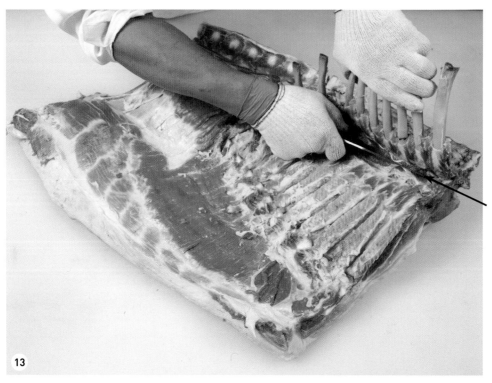

13

14

돌출시킨 갈비뼈 밑으로
칼을 넣어 등심살을
약간 붙여서 떼어낸다. 이때
세심한 주의가 필요하다. 등심살이
등갈비 또는 등뼈에 많이 붙으면
등심의 상품성이 저하된다. 또한 칼질에
유의하여 고깃살에 층이 지지 않도록 한다.

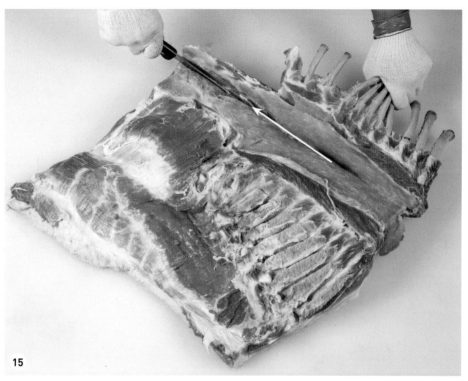

15

16

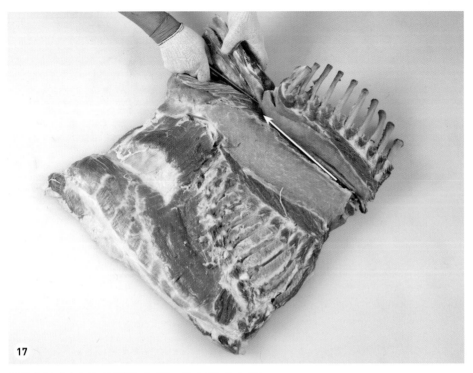

17

분할 후 등뼈와의 연결 부위를 제거하고 튀어나온 갈비뼈를
골절기로 자르면 등갈비가 된다.

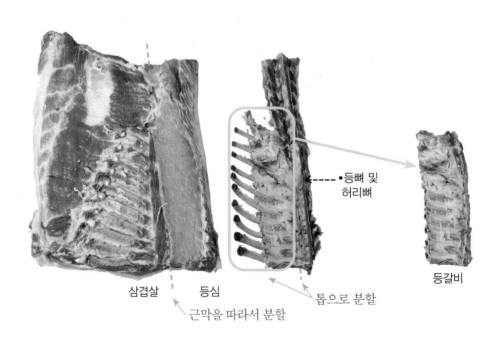

삼겹살　　등심

근막을 따라서 분할

톱으로 분할

- - - - •등뼈 및
　　　허리뼈

등갈비

등갈비

뜯고 씹고 맛보는 재미

    등갈비의 너비는 등심의 폭만큼인 10cm 이상이 되어야 이상적이다. 최근까지 등갈비는 쪽갈비라는 이름으로 손가락만 하게 작업되었다. 삼겹살을 크게 만들고자 하는 경제적인 이유 때문이다. 뼈에서 우러나오는 골즙으로 인해 향미가 좋고, 뼈를 잡고 뜯어먹는 재미가 있어, 바비큐와 양념구이는 물론, 김치 찜, 양념 갈비 찜 등으로 널리 이용된다.

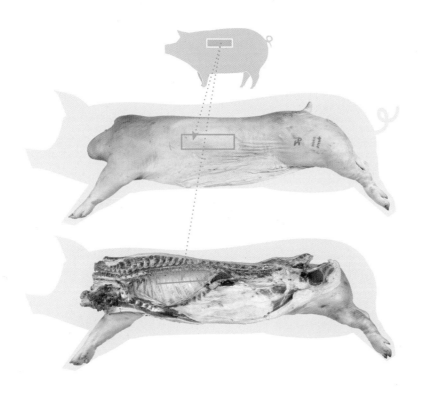

상품화 **구이용, 찜용**

뒷면의 근막을 벗겨내고, 통째로 혹은
1~2대씩 잘라서 조리 용도에 맞게
상품화한다.

등뼈 및 허리뼈 발골

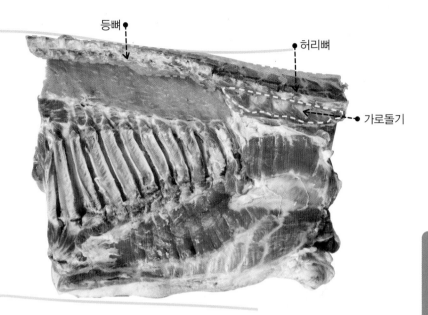

등뼈 ●
허리뼈 ●
● 가로돌기

등뼈와 허리뼈는 서로 생김새가 다르다. 특히 허리뼈는 가로돌기가 크게 돌출되어 등심과 분리할 때 주의를 요한다. 등심 앞쪽은 돌기가 많지 않으므로 칼을 바짝 눕혀서 등심과 분리시킨다. 등뼈를 바짝 잡아당기면서 칼을 세워서 나머지 등뼈의 돌기 사이를 요철 모양으로 잘라서 등뼈와 허리뼈를 제거한다.

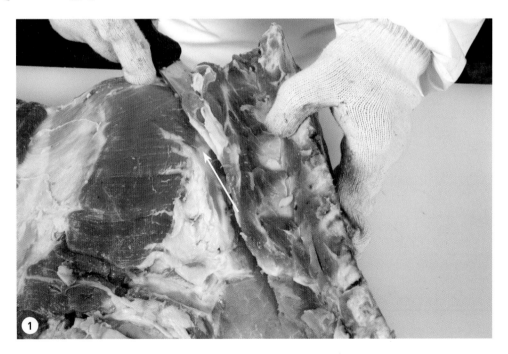

①

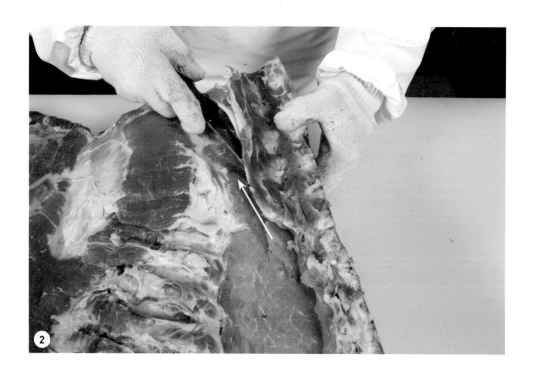

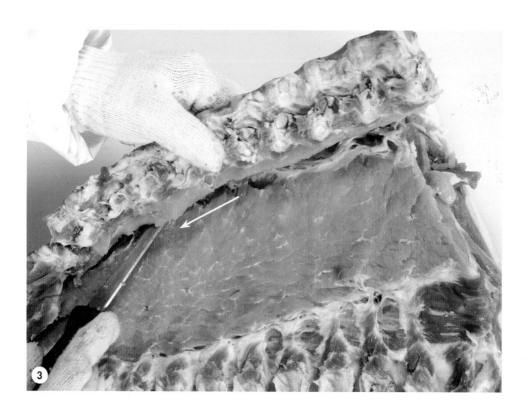

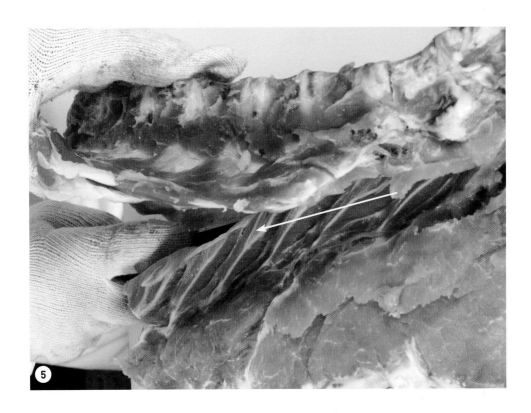

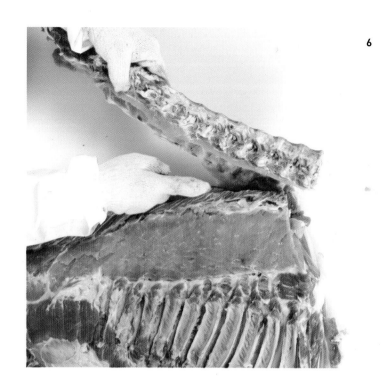

6

등뼈 및 허리뼈

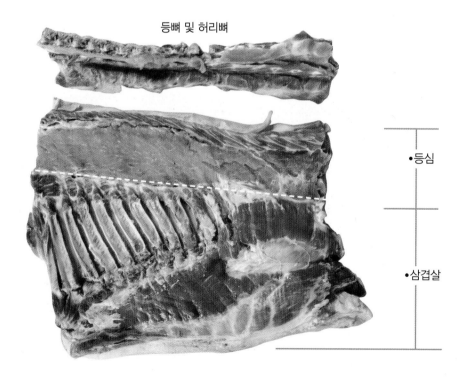

• 등심

• 삼겹살

156

등심, 등심덧살 분할

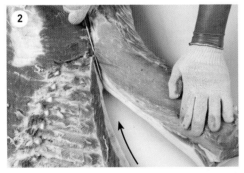

등뼈 및 허리뼈

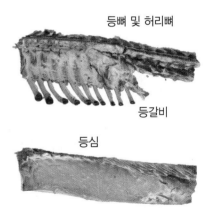

등갈비

등심

등뼈를 제거한 후, 삼겹살과 등심의 분할을 진행한다.
알등심 부위, 즉 배최장근이 끝나는 부분을 기준으로
칼을 세워 일직선으로 단번에 절단한다.

삼겹살

등심살

쓰임새 많은 만능 부위

등심살은 살코기만으로 이루어진 저지방육이다. 육질이 연하고 필수아미노산인 라이신이 풍부하지만, 백색 근섬유 비율이 높아 보수력(육즙을 잡는 능력)이 약해 자칫 퍽퍽해지기 쉬운 단점이 있다. 등심살은 근섬유 방향이 일정해 두께를 조절해 썰기가 쉽다. 따라서 크기나 두께를 맞추는 다양한 요리, 즉 돈가스나 스테이크 등에 널리 애용된다. 소분할육 등심살은 대분할육 등심과 분할 정형 기준이 동일하다. 이 등심살에서 등심덧살을 분할하여 정형한 것이 알등심살이다. 즉 등심살은 등심덧살과 알등심살을 합친 것과 같다.

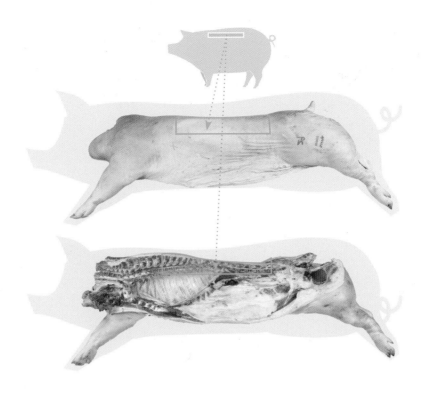

등심살, 등심덧살(가브리살) 분리 및 정형하기

등지방 두께를 7mm 이하로 정형한다. 등심의 지방은 살코기인 등심살(배최장근)에 촉촉한 부드러움을 전달하는 역할을 하므로 너무 많이 제거하지 않도록 한다. 등심 위쪽의 등지방 밑으로 칼집을 넣어서 떼어낸 다음, 이를 손잡이로 삼아 한번에 잡아당겨서 등지방을 떼어내는데, 아랫부분은 칼을 이용해 조심스럽게 제거한다.

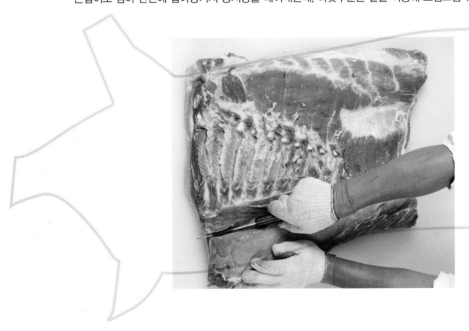

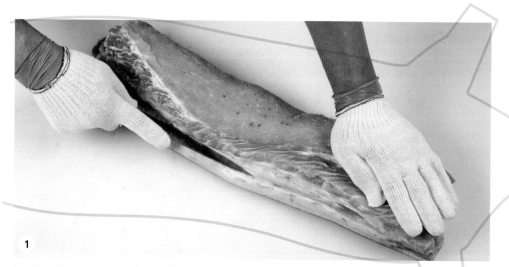

등심에서 떼어낸 피하 지방에 숨어 있는 등심덧살을 찾아서 분할하고, 여분의 지방을 7mm 이하가 되도록 제거해 정형을 마무리한다. 등심살의 근막을 제거할 때는 뒤쪽(채끝 쪽, 끝단이 작은 쪽)에서 앞쪽(목살 쪽, 끝단이 큰 쪽) 방향으로 벗겨낸다.

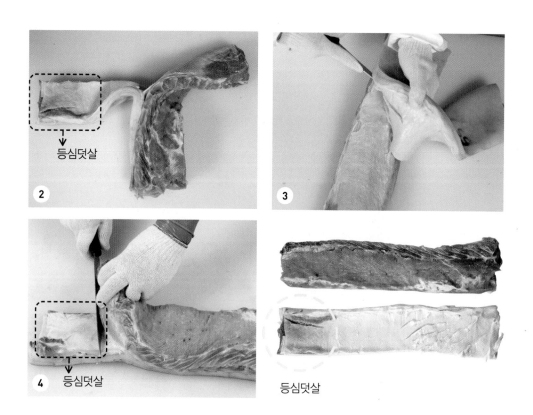

등심덧살

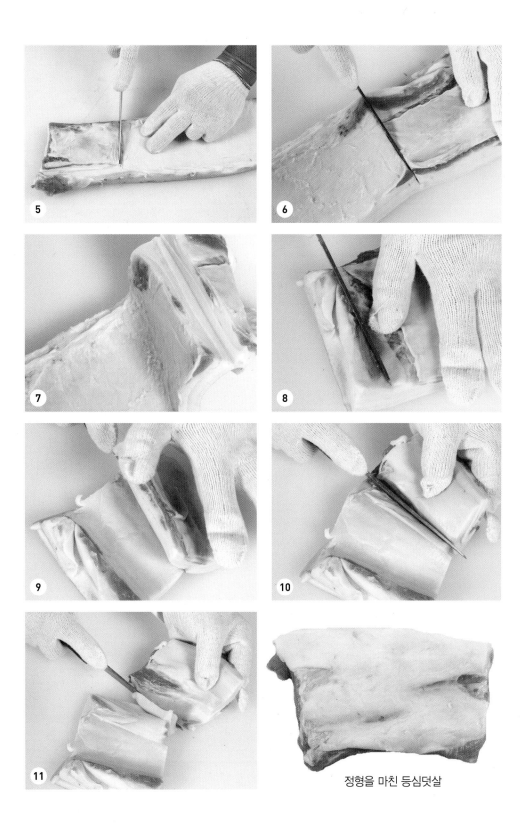

정형을 마친 등심덧살

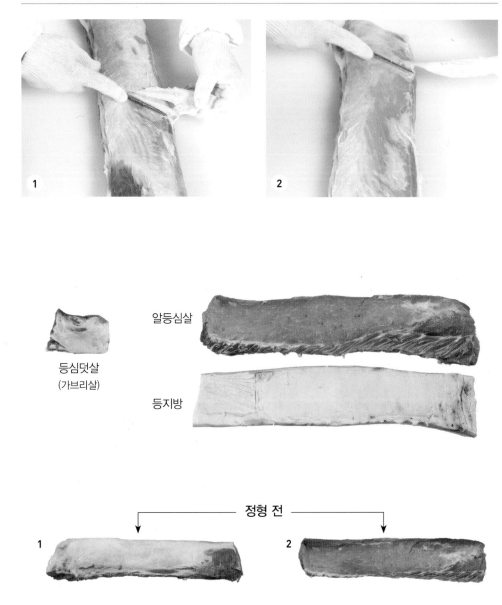

알등심살

등심덧살
(가브리살)

등지방

정형 전

정형 후

상품화 ❶ 돈가스용

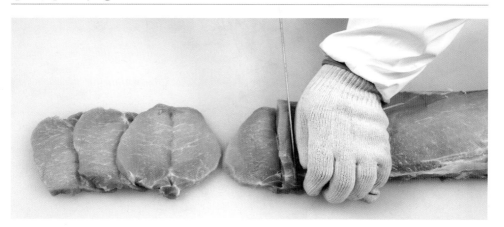

두툼하게 썬 등심살 가운데에 칼집을 넣어 펼치는, 버터플라이컷^{Butterfly Cut}을 한다. 등심살은 부드럽고 연한 살코기이며 내부 근막도 없으므로 연육기를 사용하지 않는 것이 좋다. 조리 시 오그라드는 현상을 방지하기 위해 등쪽 지방 밑에 위치한 힘줄을 칼 끝으로 두세 군데 끊어준다. 칼로 눌러주는 연육기의 사용은 조리 시 육즙이 흘러나오는 문제를 야기할 수 있다.

상품화 ❷ 잡채 및 탕수육용

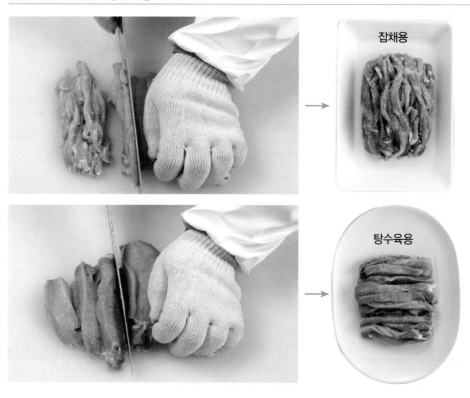

잡채용

탕수육용

등심덧살

이겹살의 부드러움

등심덧살은 등심 앞부분 위쪽 끝에 붙어 있는 손바닥만 한 부위를 분리해 정형한 것이다. 등심덧살은 아래위 막으로 둘러쌓인 이겹살 형태로 섬유질 방향이 일정해 결이 고우며 지방층이 있어 부드럽게 씹히는 맛이 좋다. 구이나 스테이크용으로 이용한다. 정형할 때는 피하 지방의 두께가 7mm 이하가 되도록 걷어낸다.

등심덧살의 별칭인 '가브리살'은 '뒤집어쓰다'라는 뜻의 '가부루라는 일본어에서 유래된 것으로 원래 등심과 볼기살에서 보여지는 덮개처럼 얇은 덧살을 가리키는 말이다.

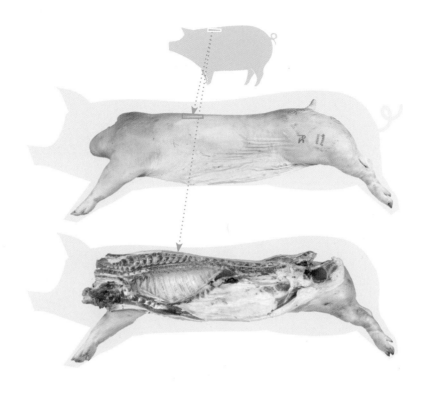

상품화 **구이용**

등심덧살의 지방은 식감을 부드럽게 해주면서 고소함을 더해주기에 정형할 때 앞·뒷면의 지방을 과도하게 걷어
내지 않는다. 2장을 포개서 7~8mm 정도 두께로 구이용으로 자른다.

삼겹살

기름져서 맛있다

삼겹살은 돼지고기 중에서 제일 선호도가 높은 부위다. 국립축산과학원 조사에 따르면 삼겹살 선호도 비율이 중복 응답을 포함해 무려 86.2%에 달하며, 심지어 그 비율이 해마다 높아지고 있다고 한다. 돼지고기에서 삼겹살의 정육율은 약 18.9%에 이른다. 한 마리에서의 생산량이 적지는 않으나 그 인기에 비하면 넉넉한 편도 아니다.

삼겹살에서 다시 연골 부위를 떼어내 '오돌삼겹'을 분할할 수 있지만 실제 정육 현장에서는 그리 작업하지 않는다. 삼겹살에 붙어있는 갈비뼈들을 늑간살과 함께 떼어내면 수입육에서의 스페어립Spare Ribs이 된다. 이 경우 삼겹살이 이겹살이 되어 상품성이 크게 훼손되므로 국내에서는 작업하지 않는다.

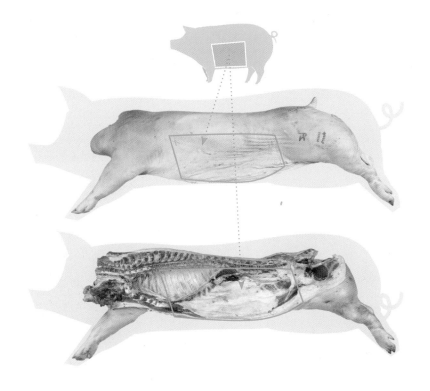

정형하기

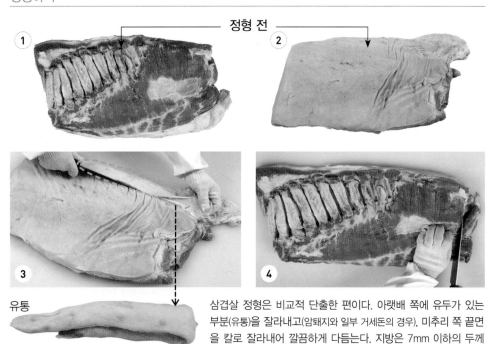

정형 전

① ②

③

④

유통

삼겹살 정형은 비교적 단출한 편이다. 아랫배 쪽에 유두가 있는 부분(유통)을 잘라내고(암퇘지와 일부 거세돈의 경우), 미추리 쪽 끝면을 칼로 잘라내어 깔끔하게 다듬는다. 지방은 7mm 이하의 두께로 걷어낸 후, 양쪽 모서리를 많이 제거해 지방층이 얇게 보이도록 한다. 직사각형 형태가 되도록 다듬는다.

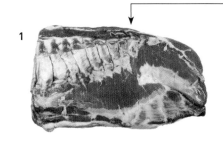

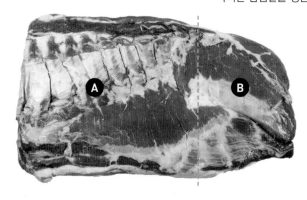

◀미박 삼겹살(오겹살)을 상품화한 모습. 껍질이 붙어있음을
확인할 수 있다.

박피한 삼겹살을 상품화한 모습

삼겹살은 위치에 따라서 구성된 형태에 차이가 있다. 갈비뼈가 붙어있던 위쪽 부위(Ⓐ)
는 지방과 살이 잘 섞여있어 부드럽고 풍미가 뛰어난 편이다. 반면, 아래 부위(Ⓑ)의 경우
지방이 적고 육질이 단단해 수육이나 보쌈용으로, 혹은 다짐육으로 활용한다.

껍질이 붙어있는 삼겹살(오겹살)의 경우 바삭하게 부서지거나 쫀득한 질감을 주는
껍질과 부드러운 속살의 두 가지 맛을 강조하는 메뉴가 주를 이룬다. 껍질 부위를 튀긴
다음 찌는 동파육, 소금과 식초를 껍질 부위에 발라서 굽는 크리스피 로스트가 대표적
인 예다. 이렇듯 다양한 방법으로 메뉴 개발을 하면 삼겹살 아래 부위(Ⓑ)의 활용을 높
일 수 있으리라 본다.

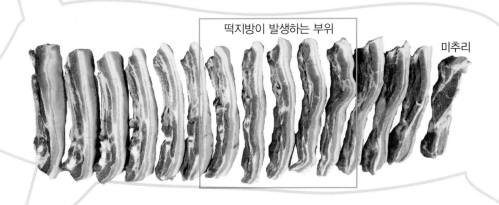

떡지방이 발생하는 부위

미추리

등뼈 마디를 기준으로 삼겹살을 잘라본 모습. 뒤로 갈수록 갈비연골이 삼겹살 가운데로 올라간다. 앞쪽에서 제
10등뼈 정도까지, 대략 전체 크기의 ⅓ 정도까지가 지방과 살이 잘 어우러지는 가장 전형적인 삼겹살의 모습을
지니고 있다. 삼겹살의 품질과 관련해 문제가 되는 것이 지방이 떡처럼 두껍게 몰린 '떡지방'이다. 대개 제9등뼈
~제10등뼈부터 시작해 몸 아래쪽으로 갈수록 근간 지방이 과도하게 축적된 현상인데 돼지를 키우면서 고열량
사료를 단기간에 과다하게 급여했거나 후기 비육 사료를 지나치게 적게 급여하면서 발생한다고 한다. 거세돈에
서 발생율이 높은 편이다.

▌오돌삼겹 분할

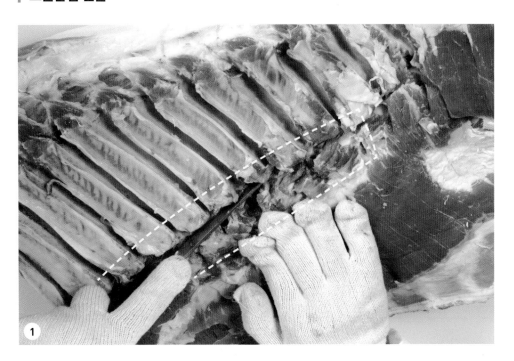

①

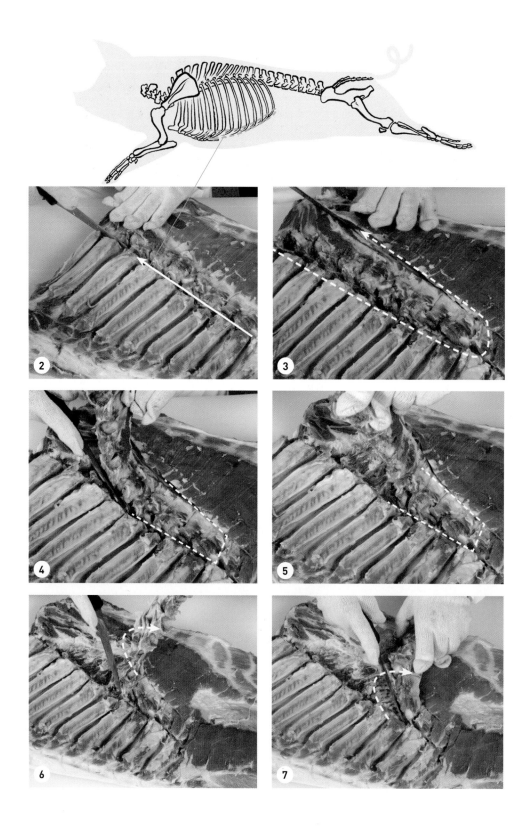

갈비연골(늑연골)을 포함해 제5갈비뼈 또는 제6갈비뼈부터 마지막 갈비뼈까지의 연골을 감싸는 근육을 폭 6cm 이내로 삼겹살 부위에서 분리해 정형한다. 오돌뼈 특유의 고소한 씹는 맛이 있다. 양념구이, 김치찌개, 찜, 조림 등으로 이용한다.

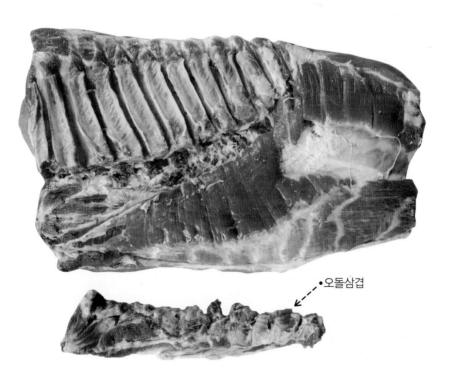

•오돌삼겹

상품화 ❶ 구이용

소고기와 마찬가지로 돼지고기도 제 6등뼈~제8등뼈 사이가 가장 보기 좋고 맛도 좋다. 삼겹살 부위가 제5등뼈 ~제6등뼈에서 시작되기에, 가장 좋은 앞부분을 두툼하게 썰어서 구이용으로 상품화한다.

상품화 ❷ 벌집 삼겹살용

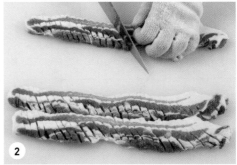

가운데 부분은 칼집을 앞·뒤로 넣어 벌집 삼겹살로 상품화할 수 있다.

상품화 ❸ 수육용

삼겹살의 끝부분은 앞부분에 비해 살코기가 많은 편이다. 치마살 쪽은 큰 덩어리로 잘라 수육용으로 상품화한다.

172

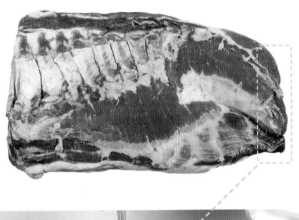

미추리는 찌개용으로 상품화한다.

▎ 뼈등심 분할

'뼈등심'은 등갈비에 등심살이 붙어있는 형태로 분할한 부위육이다. 국내 분할 정형 기준에 없는 형태이나, 특이한 생김새와 함께 캠핑 바비큐 재료로 인기가 높아서 점차 생산이 늘고 있는 추세다.

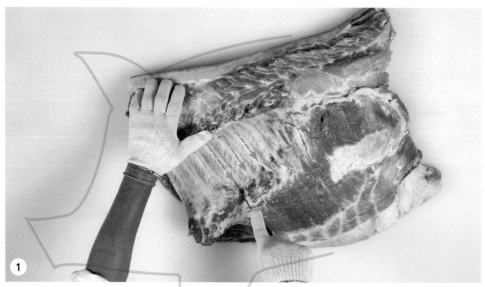

등갈비 작업과 마찬가지로 등심의 부핵 선을 따라서 가로로 칼 선을 넣어 작업의 경계선을 긋는다. 이어 갈비뼈와 늑연골의 연결 지점을 끊고, 갈비뼈 사이에 칼집을 넣어 전용 도구를 이용해 갈비뼈가 돌출되도록 한다.

돌출시킨 갈비뼈 밑으로 칼을 넣어서 등심살과 함께 떼어낸다. 분할 후 등뼈를 제거하고, 갈비뼈가 붙어있지 않은 나머지 등심살을 떼어낸다.

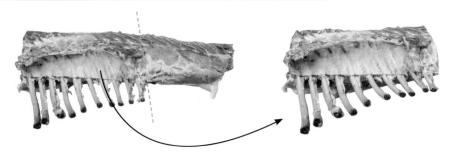

뼈등심

보고 뜯고 씹는 맛

등갈비가 갈비살과 등심살 일부를 포함시켜 납작하게 떠내어 만드는 것이라면, 뼈등심은 아예 등심살까지 한 덩어리로 잘라낸 것이다. 프렌치랙, 폭찹, 토마호크 등 불리는 명칭도 다양하다. 숯불 바비큐 또는 스테이크용으로 인기가 높다.

시중에서 판매되는 돈마호크는 뼈등심의 본래 스펙에 삼겹살의 윗부분 일부를 더해 훨씬 큰 크기로 만들어지는 경우가 많다. 작업자에 따라서 등뼈를 포함시키기도 한다.

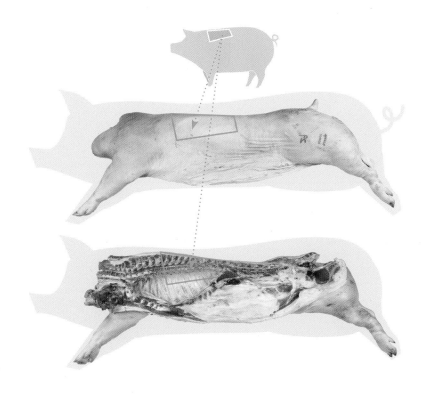

상품화 **구이용**

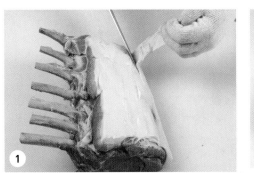

등뼈를 발골하면서 뼛조각이 남지 않았는지 확인해 제거한다. 등심과 마찬가지로 지방이 부드러운 식감을 더해 주므로 과도하게 제거하지 않는다. 용도에 맞게 통째로 혹은 갈비뼈 사이를 잘라서 상품화한다.

바깥면

안쪽면

윗면

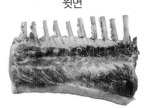

이런저런 돼지갈비

우리가 시중에서 접할 수 있는 돼지갈비는 크게 4종류가 있다.

❶ 일반 돼지갈비다. 제1갈비뼈에서 제4갈비뼈 또는 제5갈비뼈까지를 절단해 만든다.

❷+❸ 뼈등심. 등갈비에 등심이 붙은 형태다. 폭찹^{Pork Chop}, 프렌치랙, 돈마호크 등 다양한 이름으로 불린다. 돈마호크는 쇠고기에서 등심에 갈비가 붙어 있는 형태로 정형된 일명 '토마호크' 스테이크에 빗대어 만들어진 명칭이다.

❸ 등갈비. 백립^{Back Ribs}이라고도 한다.

❹ 스페어립은 삼겹살을 정형할 때 뽑아내는 갈비뼈와 주변 살을 붙여서 분할한 부위다. 국내에서는 생산하지 않는다.

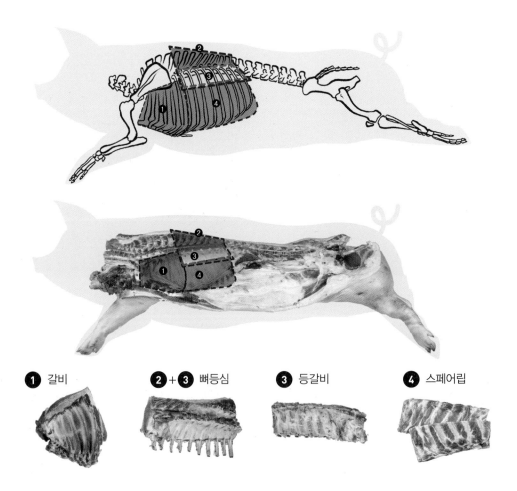

❶ 갈비   ❷+❸ 뼈등심   ❸ 등갈비   ❹ 스페어립

전구 '갈비'에서 만드는 토마호크

갈비뼈 사이를 잘라서 분리한 다음,

아래쪽 살을 떼어내거나 반으로 접어올려

도끼 모양으로 다듬는 일명 토마호크식으로 상품화한다.

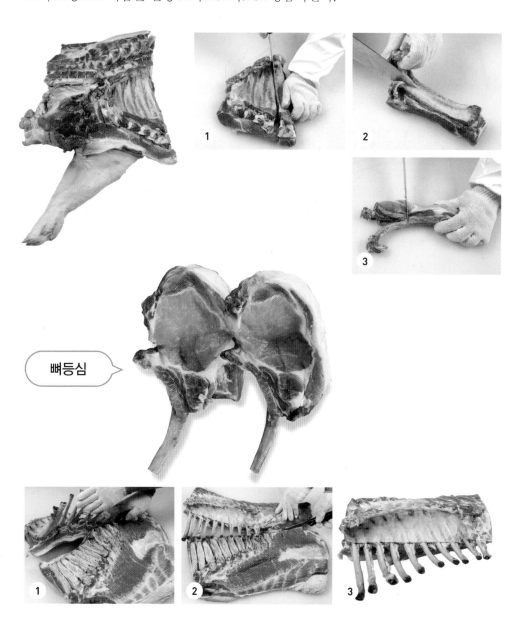

뼈등심

토마호크는 북미 인디언의 도끼 모양으로 가공한다고 해서 붙여진 이름으로 명확히 규정된 부위 명칭은 아니다. 뼈등심(폭찹)이 알려지기 이전에는 국내 스펙의 돼지갈비를 도끼 형태로 다듬어서 토마호크라는 이름으로 상품화했고, 최근에는 뼈등심(폭찹) 그 자체나, 뼈등심을 상품화할 때 지방과 껍질을 붙인 상태로 크게 분할해 돼지 토마호크 또는 돈마호크라 부른다.

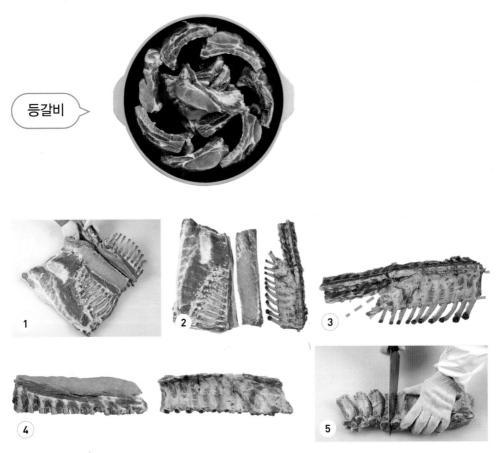

등갈비와 뼈등심은 분할 방식의 차이로 국내산과 수입산의 크기가 다르다. 국내산은 제5갈비뼈 또는 제6갈비뼈부터 마지막 갈비뼈까지를 잘라서 분할해 대개 9~10대의 갈비뼈가 모여진 형태다. 반면 수입산은 제2갈비뼈 또는 제3갈비뼈부터 마지막 갈비뼈까지를 잘라 12대 내외의 크기를 가진다. 국내에서 생산되지 않는 스페어립도 마찬가지 이유로 12대 내외의 크기다.

중구 분할을 마친 모습

등뼈 및 허리뼈

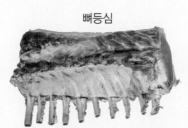

뼈등심

등갈비

등심

삼겹살

갈매기살   토시살

안심

후구 발골 및 분할

꼬리와 뒷다리로 구성된 후구의 분할 정형 작업은 꼬리 및 엉치뼈 발골, 족발 분할, 뒷다리뼈 발골의 순서로 진행된다. 뼈를 모두 발골한 후, 남은 뒷다리살 덩어리를 다시 소분할하면 보섭살·볼기살·홍두깨살·도가니살·설깃살·뒷사태살 등 6개 부위를 얻게 된다.

후구 부위의 이해

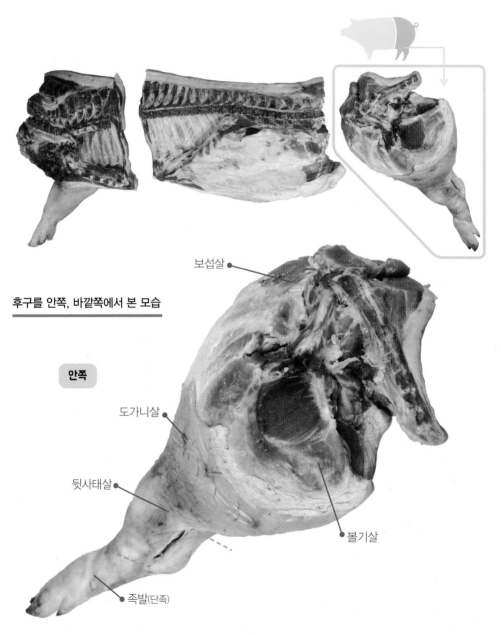

보섭살

후구를 안쪽, 바깥쪽에서 본 모습

안쪽

도가니살

뒷사태살

볼기살

족발(단족)

후구의 분할, 발골 작업은 족발을 떼어내고 꼬리뼈 및 엉치뼈, 다리뼈 발골 순서로 진행된다. 대개 시장에서는 더 이상 분할하지 않고 후지(뒷다리살)라는 이름으로 합쳐서 작업과 판매가 이루어지고 있지만 고부가가치육의 개발을 위해서는 뒷다리를 구성하고 있는 각 부위육에 대한 이해가 필요하다.

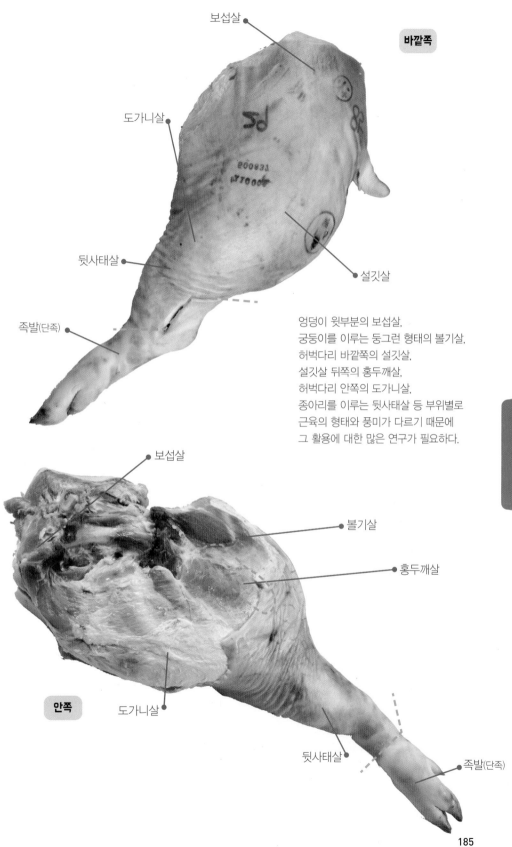

보섭살

바깥쪽

도가니살

뒷사태살

족발(단족)

설깃살

엉덩이 윗부분의 보섭살.
궁둥이를 이루는 동그런 형태의 볼기살,
허벅다리 바깥쪽의 설깃살,
설깃살 뒤쪽의 홍두깨살,
허벅다리 안쪽의 도가니살,
종아리를 이루는 뒷사태살 등 부위별로
근육의 형태와 풍미가 다르기 때문에
그 활용에 대한 많은 연구가 필요하다.

후구 발골 및 분할

보섭살

볼기살

홍두깨살

안쪽

도가니살

뒷사태살

족발(단족)

185

족 분할

먼저 뒷꿈치 쪽의 아킬레스건을 자른다. 이어서 뒷발 관절 부위를 접어서 꺾인 부분과 아킬레스건 사이를 수평으로 이어지게 칼을 넣어 껍질과 힘줄을 자른다. 다음으로 그 관절 부위를 위에서 내리누르는 식으로 아랫다리뼈와 발목뼈 사이를 절단한다. 작업자에 따라서 이후 뒷다리 발골 작업의 편의를 위해 아랫다리뼈 사이를 절단하지 않고 남겨두기도 한다.

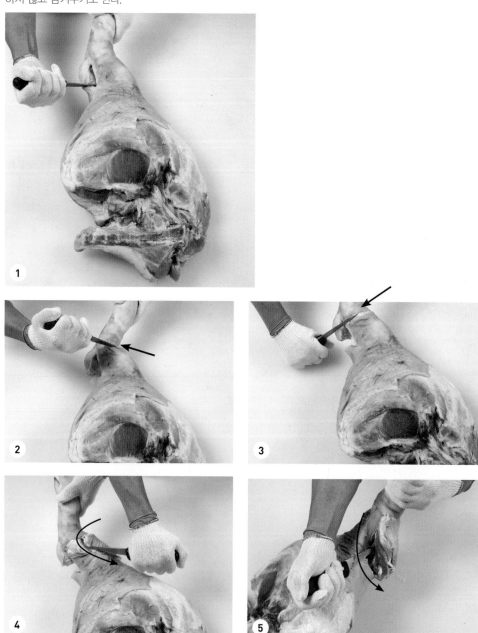

이후 작업할 아랫다리뼈의 발골을 위해, 족 부위를 접었을 때 눈으로 두드러지게 보이는 근육의 결을 따라서 미리 위쪽(뒷사태살 쪽)으로 칼집을 넣어주기도 한다.

꼬리 및 엉치뼈 발골

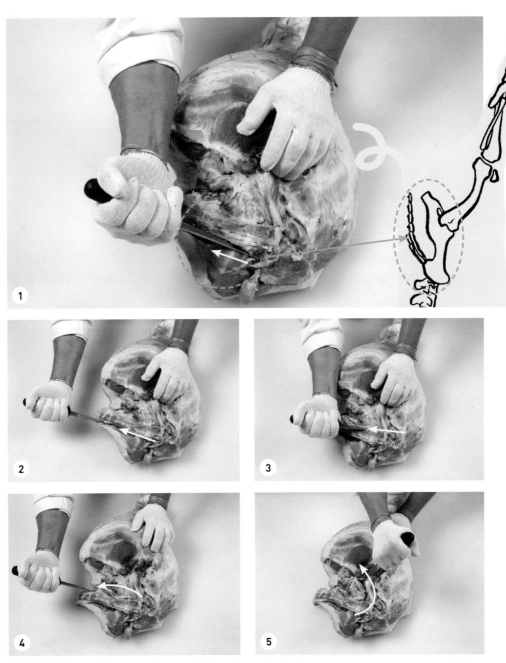

엉치뼈 양옆으로 칼을 대어 엉치뼈 형태가 온전히 드러나도록 한다. 꼬리뼈와 엉치뼈가 이어진 지점부터는 엉치뼈 형태를 따라서 물결(∼) 모양으로 칼을 움직여서 뼈와 살을 분리한다.

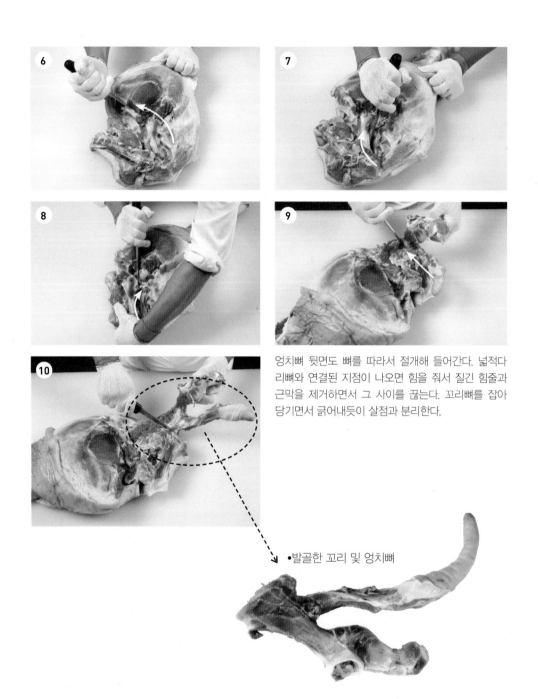

엉치뼈 뒷면도 뼈를 따라서 절개해 들어간다. 넓적다리뼈와 연결된 지점이 나오면 힘을 줘서 질긴 힘줄과 근막을 제거하면서 그 사이를 끊는다. 꼬리뼈를 잡아당기면서 긁어내듯이 살점과 분리한다.

• 발골한 꼬리 및 엉치뼈

넓적다리뼈 및 아랫다리뼈 발골

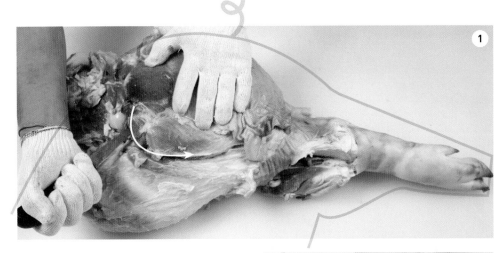

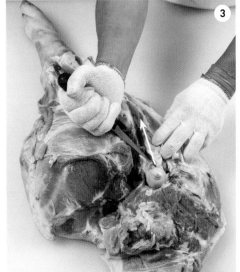

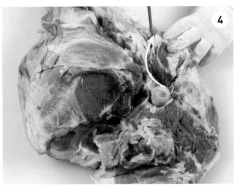

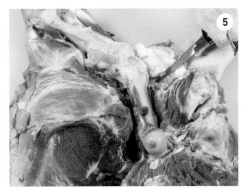

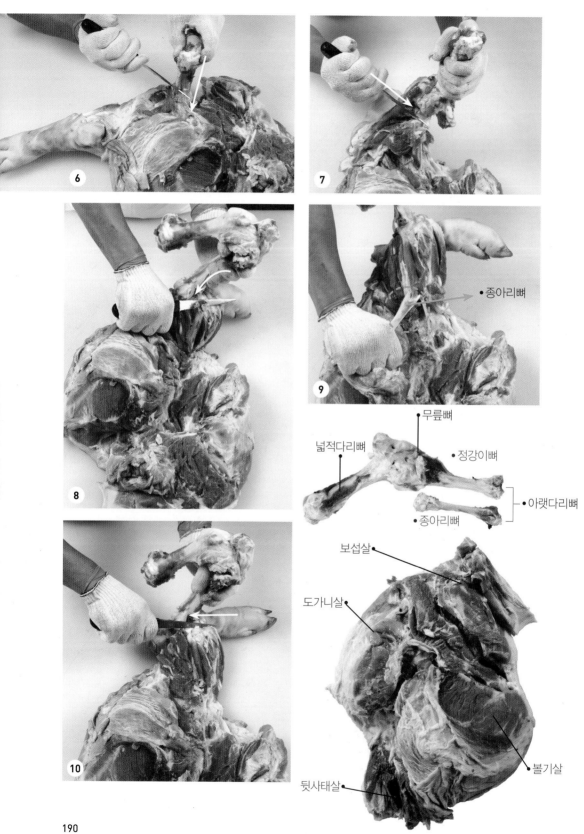

종아리뼈

무릎뼈

넓적다리뼈

정강이뼈

아랫다리뼈

종아리뼈

보섭살

도가니살

볼기살

뒷사태살

장족으로 족발을 자를 경우, 뒷다리 발골과 분할

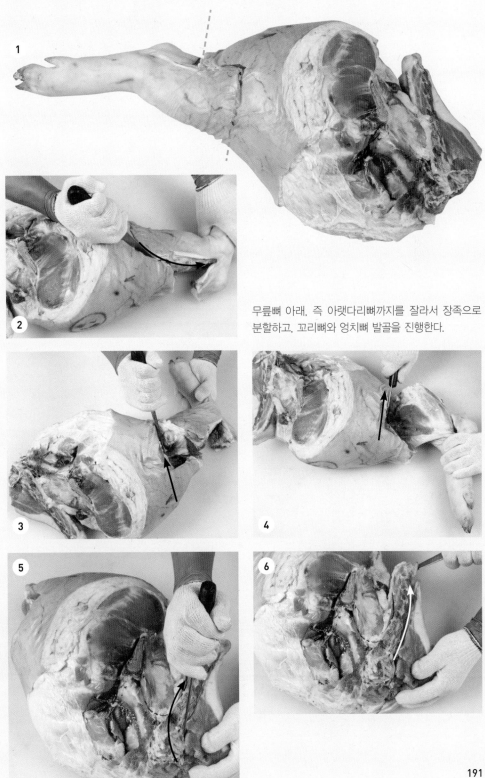

무릎뼈 아래, 즉 아랫다리뼈까지를 잘라서 장족으로
분할하고, 꼬리뼈와 엉치뼈 발골을 진행한다.

무릎뼈(도가니뼈)에서 사골머리 쪽으로 칼을 사용하는 것이 발골하기 용이하다. 이 방법은 고기의 근육을 덜 손상시킨다. 장족 분할 시 껍질이 뒷사태 부위를 온전히 덮도록 절개하는 것이 중요하다.

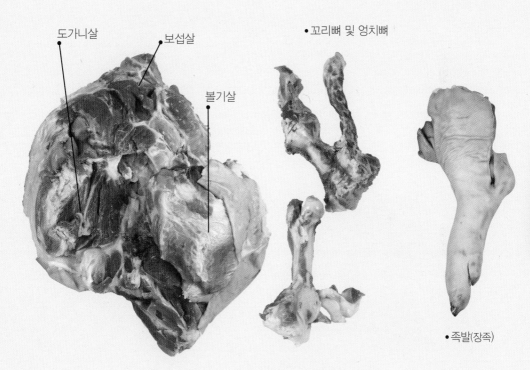

도가니살   보섭살   •꼬리뼈 및 엉치뼈

볼기살

•넓적다리뼈 및 무릎뼈(도가니뼈)   •족발(장족)

뒷다리 소분할

후구에서 뼈를 모두 발골하면 대분할육인 뒷다리가 된다. 이어서 소분할 작업을 통해 볼기살 등을 분할한다. 이후 작업 시 뼈를 뽑아내기 전의 후구의 생김새를 연상하면서 진행하면 보다 수월하다.

▎뒷사태살 분할 1

뒷사태살은 아랫다리뼈를 감싸고 있는 근육 뭉치다.
근막을 따라 볼기살, 설깃살을 분리한 후 정형한다.
뒷사태살은 속사태 또는 뭉치사태로도 불린다.
족발에서 생산한 뒷사태살을 알사태라고도 한다.

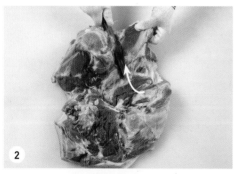

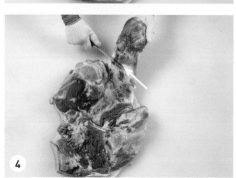

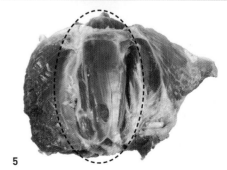

6

7

| 뒷사태살 분할 2

넓적다리뼈를 발골한 지점에서 근막을 따라 칼집을 넣어 볼기살 부위를 분할한다. 완전히 떼어내지는 않고 홍두깨살과 설깃살과의 경계면이 나오는 지점에서 가로로 칼집을 넣어 뒷사태살을 분할한다.

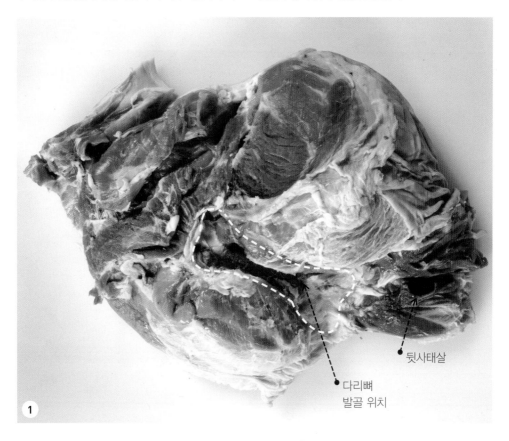

뒷사태살

다리뼈
발골 위치

1

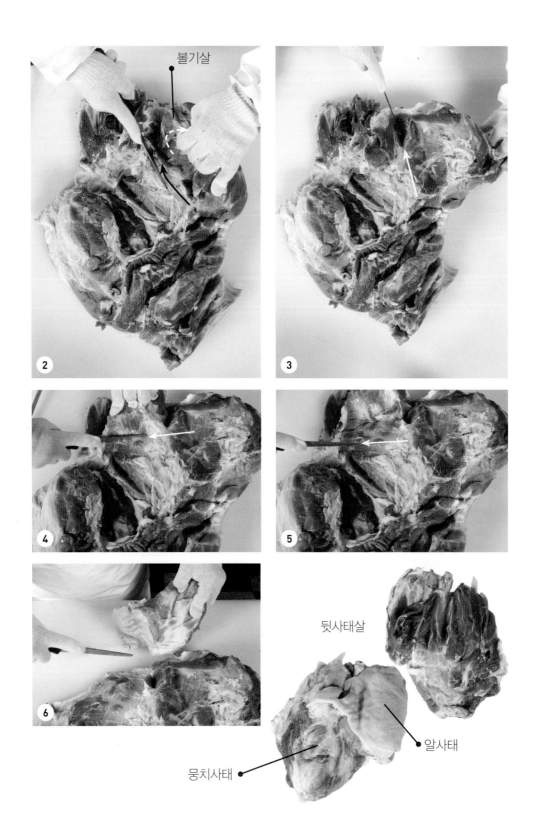

볼기살

뒷사태살

알사태

뭉치사태

196

볼기, 홍두깨살 분할

뒷다리의 넓적다리 안쪽을 이루는 부위인 볼기살은 궁둥이에 해당되는 둥근 모양의 살덩어리다. 도가니살의 경계를 따라 넓적다리뼈 윗부분을 분리해 정형한다.

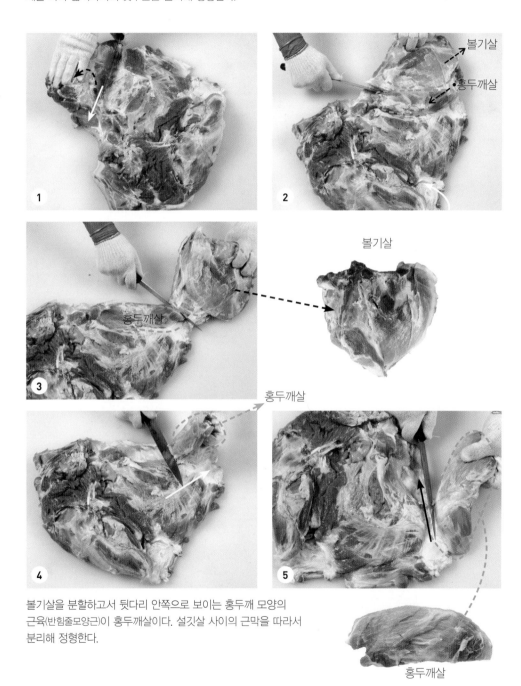

볼기살

홍두깨살

볼기살

홍두깨살

홍두깨살

홍두깨살

볼기살을 분할하고서 뒷다리 안쪽으로 보이는 홍두깨 모양의
근육(반힘줄모양근)이 홍두깨살이다. 설깃살 사이의 근막을 따라서
분리해 정형한다.

홍두깨살

도가니살, 보섭살, 설깃살 분할

도가니살은 뒷다리 무릎 쪽에서 무릎뼈와 함께 넓적다리뼈를 감싸고 있는 부위다. 근막을 따라서 설깃살과 분리하고, 엉치뼈 측면을 따라 올라가서 보섭살과 분리해 정형한다.

보섭살은 뒷다리의 엉덩이를 이루는 부위로, 엉치뼈를 감싸고 있는 근육인 중간둔부근, 표층둔부근으로 이루어져 있다. 넓적다리에서 엉치뼈 면을 기준으로 도가니살과 설깃살을 분리한다. 볼기살, 홍두깨살, 도가니살, 보섭살까지 분할하고서 남은 부위가 설깃살이다. 뒷다리의 바깥쪽 넓적다리를 이루는 부위다.

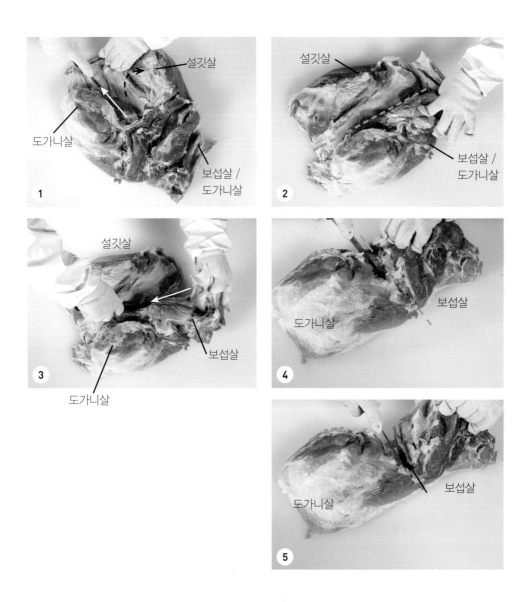

소분할을 마친 뒷다리

보섭살

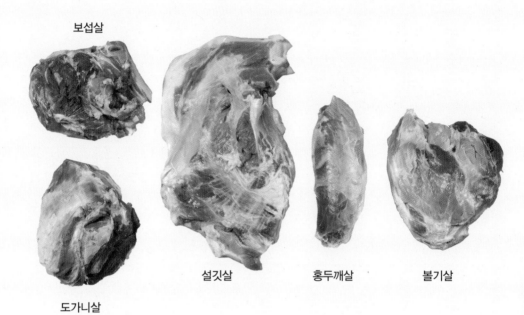

도가니살

설깃살

홍두깨살

볼기살

뒷사태살

뒷다리살

후지 부가 가치 개발의 고민

　뒷다리살을 소분할하면 '보섭살', '볼기살', '홍두깨살', '도가니살', '설깃살', '뒷사태살'의 6개 부위로 나뉘게 된다. 국가에서는 분할 정형 기준(식약처 고시 제 2019-113호, [별표3] 쇠고기 및 돼지고기의 부위별 분할 정형 기준)을 통해 이렇게 소분할 부위육을 정의했으나, 앞다리살과 마찬가지로 정육점에서 세분화해서 판매하는 경우는 거의 없다. 활용에 있어서도 후지(뒷다리살)라는 이름으로 뭉뚱그려서 불고기감이나 잡채거리, 다짐육으로 상품화해 판매하는 경우가 일반적이다.

　뒷다리살은 소시지, 햄 등 육가공에 있어서 좋은 원료육이다. 하몽, 컨츄리햄, 금화햄, 프로슈토 등 뒷다리 통째로 발효 숙성하는 햄에 대한 관심이 높아지고 있다. 최근 들어 뒷다리살 중에서 주목받고 있는 부위가 홍두깨살이다. 돼지고기답지 않게 근내지방이 촘촘히 박혀 있고 부드러워서 구이나 꼬치용으로 쓰임새를 넓혀가고 있다.

　우리가 소분할에 대해서 알아두어야 하는 이유는, 상품화 과정에서 큰 덩어리의 뒷다리를 나눠서 각각의 특징에 맞게 가공해야 하기 때문이다. 구태여 보섭살, 볼기살 등의 이름으로 판매하지 않더라도 알맞게 잘라서 탕수육용이나 찌개용 등으로 상품화해야 한다. 무작정 고깃덩어리를 자르는 게 아니라, 근육의 결을 따라 바르게 떼어내고 용도에 맞게 다듬으려면 분할 방법을 알아야 한다.

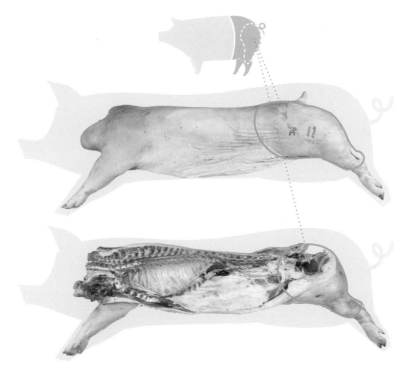

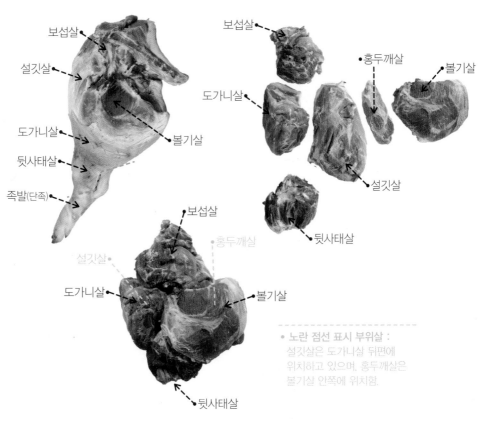

보섭살

설깃살

보섭살

홍두깨살

볼기살

도가니살

도가니살

뒷사태살

볼기살

설깃살

족발(단족)

뒷사태살

보섭살

홍두깨살

설깃살

볼기살

도가니살

뒷사태살

• 노란 점선 표시 부위살 :
설깃살은 도가니살 뒤편에
위치하고 있으며, 홍두깨살은
볼기살 안쪽에 위치함.

201

볼기살

저지방의 짙은 육색과 풍미

볼기살은 엉덩이 아래쪽, 즉 허벅다리 안쪽 바로 위에 붙은 두툼한 살을 뜻한다. 인체에 비춰볼 때 허리 아래쪽으로 불거지는 곳을 엉덩이라고 하면, 볼기살은 앉을 때 바닥에 닿는 부분인 궁둥이에 해당한다. 뒷다리의 넓적다리 안쪽을 이루는 부위이다. 내향근(내전근), 반막모양근(반막양근) 등의 근육으로 이루어져 있고 도가니살의 경계를 따라 넓적다리뼈 윗부분을 분리해 정형한 것이다. 볼기살은 둥근 모양의 넓은 살코기 부위여서 활용도가 높다. 얇게 저미는 불고기나 다짐육으로, 소시지나 햄 같은 육가공제품의 원료육으로 자주 쓰인다. 지방 함량이 적어서 산적이나 장조림감으로도 인기가 높으며 육색이 짙고 풍미가 높아서 카레용으로도 활용된다.

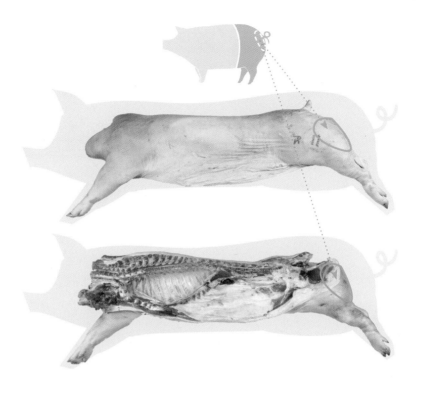

정형하기

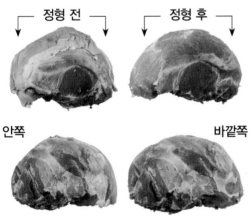

정형 전   정형 후

안쪽   바깥쪽

정형할 때 바깥쪽 지방과 안쪽의 근막, 힘줄 등 질긴 결합 조직을 말끔하게 제거한다. 안쪽 혈관에 피가 고인 경우도 있으므로 주의해서 살펴본다. 지방의 두께는 7mm 이하가 되도록 정형한다.

상품화 카레용

1

2

고기 결의 방향을 살핀다. 결 직각 방향을 따라 10~15mm 두께로 자르고, 다시 같은 크기의 주사위 모양으로 깍둑썰기 한다.

203

홍두깨살

높은 보수력으로 구이에도 적합

　뒷다리 부위 안쪽에 홍두깨 모양의 반힘줄모양근(반건양근)을 설깃살 근막을 따라 분리한 후 정형한 부위다. 도체중이 약 86kg인 돼지 도체에서 986g 정도 생산된다. 홍두깨살은 지방 함량이 6.12%로 근내 마블링이 형성될 정도로 높다. 보수력이 좋아서 열을 가해도 육즙의 유출이 적어 조리 후에도 풍미와 촉촉함을 간직한다. 또한 가는 근섬유다발의 영향으로 육질이 부드럽다. 이러한 특징으로 인해 홍두깨살은 뒷다리에서 유일하게 구이용으로 쓰일 수 있는 부위다. 육전용으로도 적당하다.

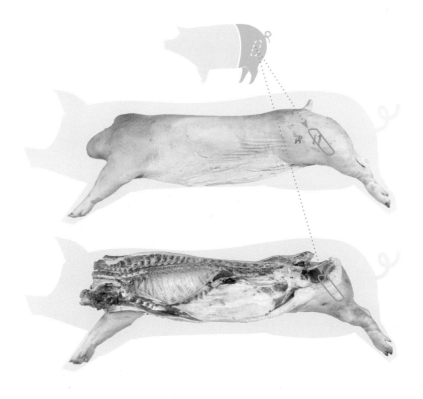

정형하기

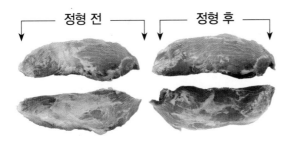

정형 전 ─── 정형 후

표면의 근막과 힘줄 등 질긴 결합 조직을 제거한다.

상품화 **구이용**

구이용으로 상품화할 때는 칼을 눕혀 어슷하게 썰어서 절단면이 크게 나오도록 한다. 홍두깨살은 고기의 결이 일정하게 이어지는 편이다. 결 직각 방향을 따라 7~8mm 두께로 슬라이스한다.

[보섭살]

뒷다리에서 가장 부드러운 육질

　허리 아래쪽 엉덩이를 일컫는 부위다. 엉치뼈를 감싸고 있는 중간둔부근, 표층둔부근 등으로 이루어진다. 보섭살은 뒷다리 부위 중에서 운동량이 가장 적은 근육들로 구성되어 근막이 많지 않고 근섬유도 부드럽기 때문에 가장 맛있는 부위로 알려진다. 정형 시에는 엉치뼈 주변에 질긴 근막과 힘줄이 있으므로 반드시 제거하도록 한다. 보섭살은 고기가 부드러운 반면, 근내 지방이 적고 보수력이 약해서 조리 후 쉽게 메말라 퍽퍽해지기 쉽다. 고기가 육즙을 잘 붙들 수 있도록 염분이 충분히 들어가는 요리에 적당해 장조림이나 간장 불고기에 자주 쓰인다. 부드러운 맛을 선호하는 추세에 따라 찌개용으로도 활용한다.

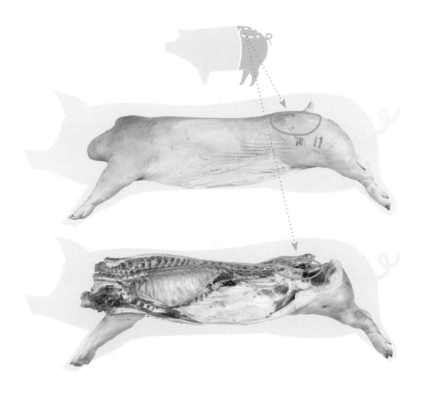

정형하기

발골한 엉치뼈 주변에 위치한 근막과 힘줄을 깔끔하게 제거한다. 겉지방도 두께 7mm 이하로 다듬는다.

①

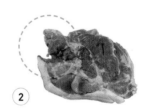
②

③

상품화 **찌개용**

2cm 정도 두께로 깍둑썰기해 찌개용으로 상품화한다.

①

②

③

도가니살

풍부한 육즙과 우수한 식감

뒷다리의 무릎 쪽에서 무릎뼈와 함께 넓적다리뼈를 감싸고 있는 부위로 대퇴네갈래근(대퇴사두근)으로 이루어진다. 질긴 근막을 따라 설깃살과 분리하고 장골 측면을 따라 보섭살과 분리한 후 정형한 부위다.

도가니살은 고기 내부에 결합 조직이 많아서 질긴 편이며 주로 카레나 찌개용으로 활용한다. 근섬유다발이 굵어 고기 결이 거친 대신에 수분 함량이 높아 육즙이 풍부하고 씹는 감촉이 좋아서 불고기용으로 자주 이용된다. 우수한 보수력과 짙은 풍미라는 특징이 있어 햄으로 가공했을 때 좋은 결과를 기대할 수 있다.

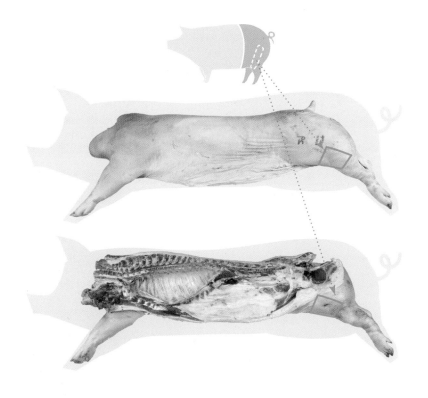

정형하기

근막, 힘줄 등 질긴 결합 조직을 최대한 깔끔하게 제거한다.

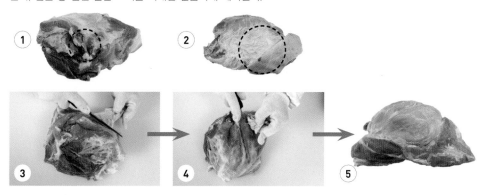

상품화 **불고기용**

고기 결이 거칠지만 육즙이 풍부해 얇게 저며 간장에 재우는 불고기용으로 적당하다. 3mm 이내로 최대한 얇게 저며서 상품화한다.

설깃살

등심살 대용의 저지방 부위

탕수육용

잡채용

　뒷다리 넓적다리의 바깥쪽을 이루는 부위로 근육 명칭으로는 대퇴두갈래근이라 부른다. 넓적다리뼈 부위에서 볼기살, 도가니살, 보섭살과 분리한 후 정형한다.

　지방이 적어서 건강식으로 자주 이용되는 반면, 근섬유가 열에 약해 육즙을 잡아주는 보수력이 부족하다는 단점이 있다. 또한 근섬유다발이 굵어 다소 질긴 편이기에 근막 등 결합 조직을 제거하고 3mm 두께로 얇게 썰어 불고기감으로 쓰거나, 연육기를 이용해 부드럽게 한 후 상품화한다.

　설깃살은 탕수육용으로 자주 사용한다. 운동량이 적은 근육으로 백색 근섬유 비율이 높아 고기색이 등심과 비슷하게 담홍색을 띠는 데다가 바깥쪽 근막을 제거하면 근섬유 방향이 일정한, 제법 큰 덩어리의 살코기를 얻을 수 있기 때문이다.

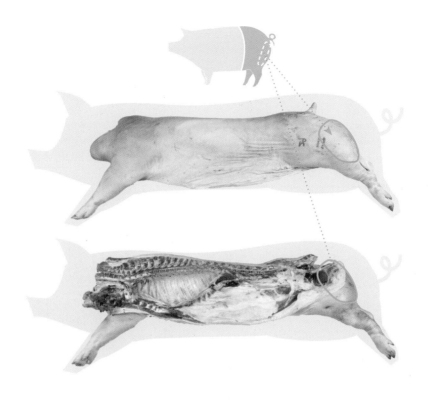

정형하기

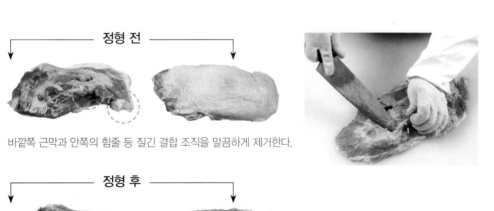

━━ 정형 전 ━━

바깥쪽 근막과 안쪽의 힘줄 등 질긴 결합 조직을 말끔하게 제거한다.

━━ 정형 후 ━━

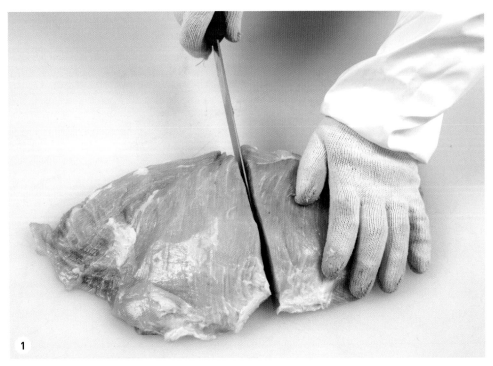

1

큰 덩어리를 작업하기 편하게 반으로 자른다.

2

3

고기 결 방향으로 칼집을 넣어서 적당한 두께로 자른다.

탕수육용은 10mm 정도로 두툼하게, 잡채용은 6~7mm 정도로 다소 가늘게 썬다.

탕수육용

잡채용

알맞은 두께로 켠 살코기를 모아서 다시 사각기둥 모양으로 채 썬다. 두툼하게 자르는 탕수육용(사진 ❺)은 고기 결 직각 방향으로 자르고, 비교적 가늘게 채 썰게 되는 잡채용(사진 ❻)은 고기 결 직각 방향으로 자르면 조리과정에서 부스러지기 쉬워서 결 방향으로 자르기도 한다.

뒷사태살

뭉근하게 끓여 조림용으로

뒷사태살은 뒷다리의 정강이와 종아리뼈를 감싸고 있는 근육들이다. 족발을 장족으로 자르는 게 일반적인 요즘에는 쉽게 보기 힘든 부위가 되었다.

뒷사태와 설깃살 아래에 위치한 뭉치사태(비복근), 그 중앙에 위치한 아롱사태로 나뉜다. 사람의 다리 근육 생김새에 비추어 연상해 보면, 발목에서 장딴지 바로 밑까지가 뒷사태가 되고, 그 위의 장딴지 근육이 뭉치사태가 된다.

보쌈, 찌개, 장조림용으로 많이 쓰인다. 운동량이 많은 부위로 매우 질기기 때문에 다짐육용으로 이용되기도 한다. 이 용도로 사용할 때는 고기 표면의 결합 조직이 매우 질기므로 반드시 제거해야 한다.

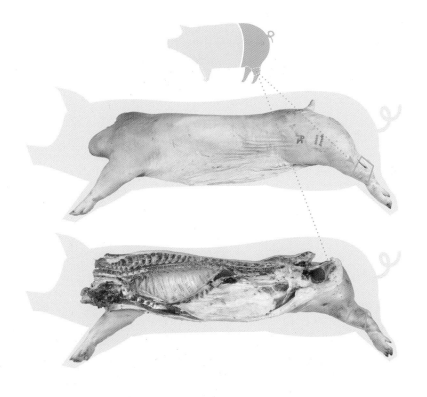

상품화 **수육용**

아롱사태 부위를 뒷사태살 가운데 놓고 반으로 잘라 결이 보이게 트레이에 세팅한다.

①

②

③

고기만큼 맛있는 부산물 활용법

부산물은 삼겹살·목살 등 지육을 제외한 나머지 부위, 간·폐 등 내장과 머리·꼬리·발·껍질 등 식용이 가능한 부위 일체를 말한다. 돼지 부산물의 1차 처리는 도축장의 내장처리실에서 이루어지는데 혈액·머리·백내장(위장, 췌장, 비장, 창자등)과 적내장(간·심장·폐)으로 분류되어 생산된다. 이를 2차 부산물처리업체에서 부위별로 분류하고 지방과 오염 물질을 제거하는 등 2차 가공을 거쳐 소비 시장에 내보낸다.

부산물은 생산되는 장소에 따라서 1차 부산물과 2차 부산물로 구분된다. 도축할 때 나오는 1차 부산물은 신장 및 신장 지방·머리·혈액(선지)·허파·염통·간·이자·지라·위·직장·소장·대장 등이 있다. 정육을 가공하는 식육포장처리업체에서 생산되는 2차 부산물은 잡뼈(등뼈·목뼈·엉치뼈·돈사골·부채뼈·갈비뼈·연골 등), 꼬리, 콩팥, 족발(장족·단족), 지방 등이 포함된다. 부산물은 상품 특성상 선도가 저하되기 쉬우므로 '도축장 식육부산물 위생 관리 매뉴얼(농림축산검역본부, 2014)'에 따른 철저한 위생 관리가 필요하다.

▎돼지 식육부산물 처리공정도

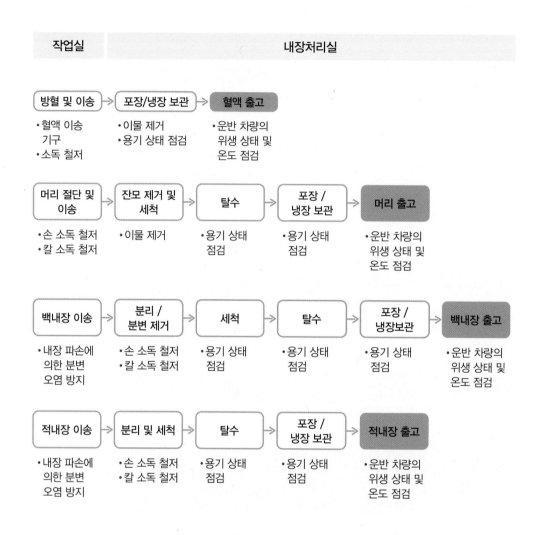

작업실 | 내장처리실

방혈 및 이송 → 포장/냉장 보관 → **혈액 출고**
- 혈액 이송 기구
- 소독 철저
- 이물 제거
- 용기 상태 점검
- 운반 차량의 위생 상태 및 온도 점검

머리 절단 및 이송 → 잔모 제거 및 세척 → 탈수 → 포장 / 냉장 보관 → **머리 출고**
- 손 소독 철저
- 칼 소독 철저
- 이물 제거
- 용기 상태 점검
- 용기 상태 점검
- 운반 차량의 위생 상태 및 온도 점검

백내장 이송 → 분리 / 분변 제거 → 세척 → 탈수 → 포장 / 냉장보관 → **백내장 출고**
- 내장 파손에 의한 분변 오염 방지
- 손 소독 철저
- 칼 소독 철저
- 용기 상태 점검
- 용기 상태 점검
- 용기 상태 점검
- 운반 차량의 위생 상태 및 온도 점검

적내장 이송 → 분리 및 세척 → 탈수 → 포장 / 냉장 보관 → **적내장 출고**
- 내장 파손에 의한 분변 오염 방지
- 손 소독 철저
- 칼 소독 철저
- 용기 상태 점검
- 용기 상태 점검
- 운반 차량의 위생 상태 및 온도 점검

* 출처 : 도축장 식육부산물 위생 관리 매뉴얼, 2014. 농림축산검역본부

　돼지 부산물은 대개 도축장에서 부산물처리업체를 거쳐 2차 부산물처리업체와 식품가공업체에 이르는 도매 단계와, 이후 일반음식점, 부산물판매점*, 프랜차이즈로 대표되는 소매 단계의 경로로 유통된다. 도매 단계에서는 부산물의 원형을 유지해 1벌 또는 kg 단위로 거래되고, 소매 단계에서는 쓰임새에 따라서 가공 처리하고 세분화해 100g 단위로 판매되는 특징이 있다.

* 부산물판매점은 도매와 소매를 겸업한다.

돼지 부산물 유통 단계별 경로 및 비율

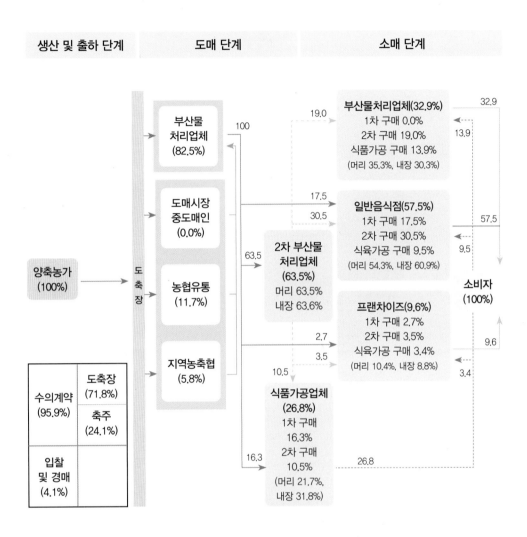

생산 및 출하 단계 | 도매 단계 | 소매 단계

양축농가
(100%)

수의계약
(95.9%) | 도축장
(71.8%)
| 축주
(24.1%)

입찰
및 경매
(4.1%)

도
축
장

부산물
처리업체
(82.5%)

도매시장
중도매인
(0.0%)

농협유통
(11.7%)

지역농축협
(5.8%)

2차 부산물
처리업체
(63.5%)
머리 63.5%
내장 63.6%

식품가공업체
(26.8%)
1차 구매
16.3%
2차 구매
10.5%
(머리 21.7%,
내장 31.8%)

부산물처리업체(32.9%)
1차 구매 0.0%
2차 구매 19.0%
식품가공 구매 13.9%
(머리 35.3%, 내장 30.3%)

일반음식점(57.5%)
1차 구매 17.5%
2차 구매 30.5%
식육가공 구매 9.5%
(머리 54.3%, 내장 60.9%)

프랜차이즈(9.6%)
1차 구매 2.7%
2차 구매 3.5%
식육가공 구매 3.4%
(머리 10.4%, 내장 8.8%)

소비자
(100%)

100   19.0   32.9   13.9
17.5   57.5
30.5   9.5
63.5
2.7   9.6
3.5   3.4
10.5
16.3   26.8

주) ❶ 돼지의 주요 부산물(머리, 내장)을 대상으로 조사
   ❷ 유통비율은 머리 및 내장의 유통 단계 경로별 비율을 반영한 가중평균값

* 출처 : 2019 축산물 유통 실태, 축산물품질평가원, 2020

[머리]

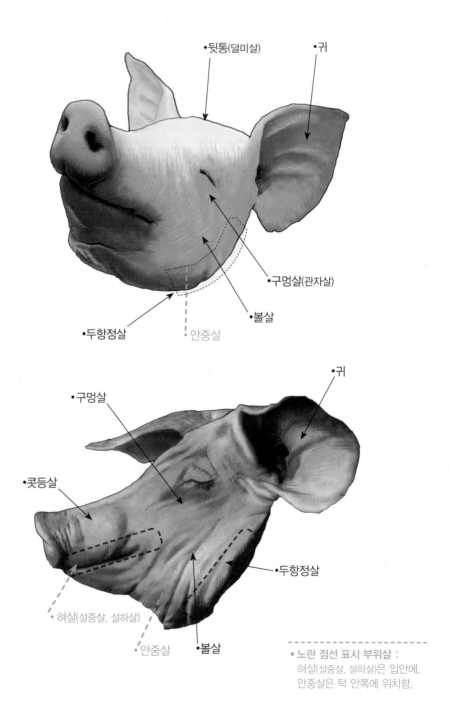

•뒷통(덜미살)   •귀

•구멍살(관자살)

•볼살

•두항정살   •안중살

•귀

•구멍살

•콧등살

•두항정살

•허살(설중살, 설하살)

•안중살   •볼살

• 노란 점선 표시 부위살 :
  허살(설중살, 설하살)은 입안에,
  안중살은 턱 안쪽에 위치함.

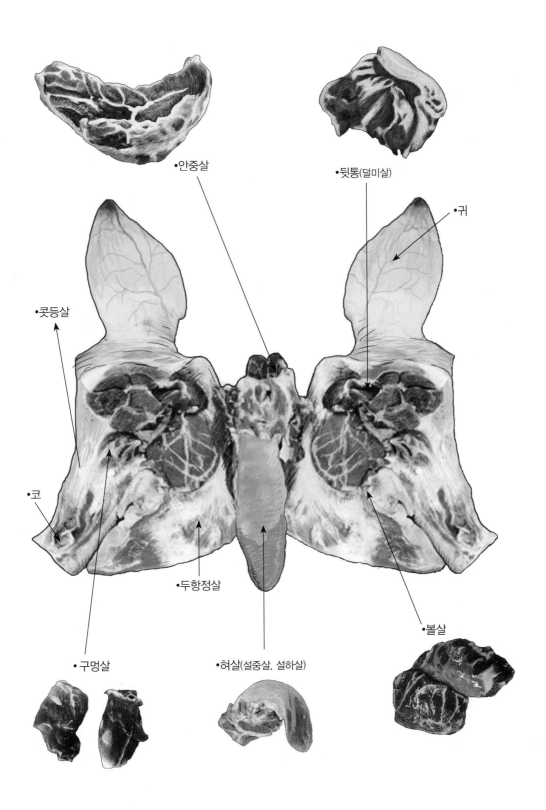

•안중살

•뒷통(덜미살)

•귀

•콧등살

•코

•두항정살

•볼살

•구멍살

•허살(설중살, 설하살)

221

▌ 볼살(뽈살, 볼테기살)

뽈살, 볼테기살 등의 별칭이 있다. 양쪽 뺨에 해당되는 부위이다. 한 마리에서 반 근 정도 나온다. 쫀득한 식감과 담백한 맛을 지니고 있다. 판체타와 함께 이탈리아식 베어컨의 양대 산맥이라 불리는 '관찰레^{Guanciale}'는 이 부위를 염장, 훈제하여 만든다.

▌ 두항정살(천상살, 흰살, 턱살)

천상살, 흰살, 턱살이라고도 불린다. 머리쪽에 붙은 항정살이라 하여 두(頭)항정살이라 한다. 항정살과 비슷한 맛이지만 좀 더 단단해 씹는 맛이 좋다. 볼살과 함께 묶어서 볼항정살(뽈항정살)로 상품화해 판매하는 경우가 많다.

▌ 뒷통(목덜미살, 꼬들살, 덜미살, 모소리살, 도깨비살, 쫀득살)

목덜미살, 꼬들살, 덜미살, 모소리살, 도깨비살, 쫀득살 등 별칭이 다양하다. 목에서 어깨까지 연결된 부위로 한 마리에서 300~400g 정도 나온다. 뒷덜미에서 두항정살을 정형하고 남은 부위의 살이다. 꼬들살이라는 별칭은 꼬들하면서 쫄깃한 식감에서 유래했다.

콧등살

식감이 부드럽고 지방이 적어서 구이와 찌개용으로
적합하다. 상품화할 때 지방과 살코기의 비율을 적절하게
유지하는 게 중요하다.

구멍살(눈살, 관자노리살, 관자도리살)

눈 주위의 살. 지방이 거의 없는 살코기로 부드러운
풍미를 지녔다.

혀살(설중살, 설하살)

부위에 따라서 설중살과 설하살로 나뉜다. 냄새가 심한 혀의 껍질
을 밀어내듯이 깔끔하게 벗겨낸 다음 사용한다. 혀의 본체라고 할
부위가 설중살이고, 설하살은 혀 아래 붙은 살이다. 우설과 맛이
비슷하지만 약간 더 부드러우며 담백하다. 일반적으로 지방이
많은 편이지만 그만큼 부드럽고 풍미도 진하다. 혀 안쪽으로 갈
수록 맛이 더 좋아진다.

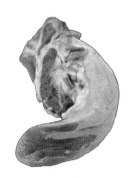

▌안중살

볼살 뒤 턱뼈 안 한가운데 있어서 안중 살이라는 이름이 붙었다. 슬라이스하면 참치뱃살과 비슷한 모양새를 보인다.

▌귀

주로 껍질과 연골로 이루어진다. 오도독하게 씹히는 감촉이 좋다. 삶아서 채소와 함께 볶거나 채썰어 샐러드로 활용한다.

내장

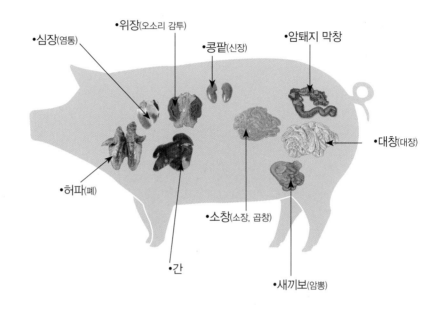

•위장(오소리 감투)

•심장(염통)

•콩팥(신장)

•암퇘지 막창

•대창(대장)

•허파(폐)

•소창(소장, 곱창)

•간

•새끼보(암뽕)

간

적갈색인 4개의 잎사귀가 한군데로 모인 형태를 하고 있다. 내장 중에서 가장 큰 부위로 1.4kg 정도의 중량을 지닌다. 철분과 비타민A, B와 함께 단백질이 풍부하다.

피를 많이 지니고 있기 때문에 변색되거나 냄새가 나기 쉽다. 구입 시에는 선홍색이 선명하고 광택이 있으며 냄새가 없는 것을 고른다.

흐르는 물에 30분 이상 담가두거나 우유에 담가서 비린내를 제거한다. 데칠 때에도 마늘 생강, 대파 등 향신 채소와 간장, 정종을 이용해 냄새를 제거한다. 오래 삶으면 딱딱해지므로 강불로 빠르게 조리한다.

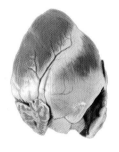

심장(염통)

육질이 질긴 편이나 근섬유가 가늘면서도 촘촘해 닭의 근위 (닭똥집)와 비슷한 느낌의 씹는 맛을 준다. 내장 중에서는 비교적 냄새가 적은 편이지만, 조리 시에는 흐르는 물에 담가서 핏물을 충분히 제거한 후 이용한다. 주로 데쳐서 수육으로 만들어 먹지만, 꼬치구이나 볶음요리, 전골요리에도 쓰인다.

허파(폐)

오른쪽, 왼쪽 허파로 쌍을 이룬다.
수육이나 볶음요리로 흔히 쓰인다.

콩팥(신장)

강낭콩 모양으로 매끄럽고 붉은 갈색이다. 조리 시 세로로 잘랐을 때 하얗게 보이는 부분은 제거해 사용한다. 흐르는 물에 충분히 담가서 핏물을 제거하고, 데칠 때에도 대파, 생강, 마늘, 정종 등을 이용해 냄새를 제거한다. 볶음요리에 주로 쓰인다.

위장(오소리감투)

오소리감투는 오소리 털가죽으로 만든 벙거지를 뜻한다. '오소리감투가 둘이다'라는 속담처럼 오소리감투는 일을 행사하는 데 있어서 권력을 쥐는 사람의 상징처럼 쓰였다.
돼지 위장에 오소리감투라는 별칭이 붙은 유래로 너무 맛있어서 서로 먹으려고 다퉜기 때문이라는 설과 옛날에 마을에서 돼지를 잡아서 서로 나눌 때, 오소리가 순식간에 숨듯이 한눈팔면 금방 사라진다고 해서 비롯되었다는 설이 전해진다.
그만큼 맛있다는 뜻인데, 내장이면서도 비린내가 적고 담백하며 쫄깃한 식감을 자랑한다. 굵은소금으로 비벼서 여러 차례 씻으면서 곱을 제거해 요리에 이용한다. 오랜시간 삶으면 부드러워지기에 두꺼운 것일수록 좋다.
외국에서는 여기에 다진 고기를 채워서 소시지를 만들기도 한다. 국내에서도 순대의 일종으로 머리나 발쪽의 고기를 다져 넣은 후, 실로 꿰매고 삶아서 돌로 납작하게 눌러 편육으로 먹는 '위쌈'이라는 음식이 있었다고 한다.

막창

•암퇘지 막창(새끼보)   •수퇘지 막창

대장의 마지막 부분인 직장 부위다. 상당히 기름지면서도 쫄깃하고 질기다. 주로 구이용으로 쓰이며, 바삭한 겉면과 씹을수록 우러나오는 고소한 맛이 일품이다. 맛이 천천히 우러나기에 전골요리로 활용해도 좋다.

┃ 대창(대장)

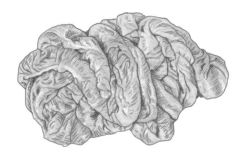

소장에서 직장으로 이어지는 장기로 직경은 약 6cm이다. 둥글게 말린 형태로 짙은 회갈색이다. 냄새가 강한 부위로 내용물을 잘 세척해 사용해야 한다. 주로 순대와 볶음요리에 사용되며 상당히 쫄깃한 식감을 지닌다.

┃ 소창(소장, 곱창)

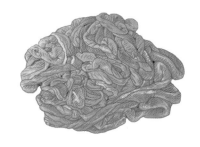

위장에서 맹장까지 이르는 부위로 직경 4cm 정도로 얇다. 순대외피와 순대국의 재료로 쓰인다. 식감이 꼬들하고 돼지 특유의 냄새도 적은 편이다. 볶음용으로는 탄력이 떨어져서 잘 쓰이지 않는다.
예전에는 일반적으로 돼지곱창이라고 하면 소창을 의미했다. 요즘에는 대창을 활용한 구이나 볶음이 인기를 모아 돼지 곱창의 대명사로 불린다.

┃ 새끼보(암뽕)

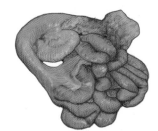

태반과 자궁을 통틀어 지칭한다. 꼬들꼬들한 씹는 맛이 있고 담백하면서도 부드럽다. 구이, 수육, 국밥의 재료로 이용한다. 잘 삶아서 익힌 암뽕과 막창순대를 한 접시에 낸다.

✕ 기타 부산물

▌족(족발)

장족과 단족(미니족) 두 종류가 있다. 장족은 상완골
(앞다리), 하퇴골(뒷다리)과 종아리까지 포함하는
크기다. 단족은 수근골과 족근골 아래 부위 즉, 발
끝에서 발목까지의 부위이다. 잔털이 남아있으므
로 사전에 토치램프로 겉을 살짝 그슬려 제거하고,
핏물을 충분히 제거한 다음 조리한다.

▌유통(유삼겹)과 유선

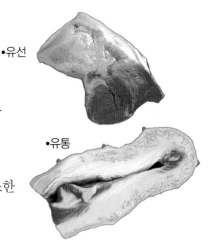

•유선

•유통

유통은 암퇘지의 젖꼭지가 있는 아랫배 부위다.
지방이 대부분이지만 일반 지방과 달리 잘 녹지 않고
고소하고 쫀득한 식감이다. 유선은 젖이 차 있는
어미돼지를 도축해야 나오는 부위다.
돼지 젖으로 인한 수분과 지방이 많아 부드럽고 고소한
맛이 특징이다. 모두 구이용으로 쓰인다.

▌꼬리

족발과 껍질의 쫀득하고, 꼬들하고, 고소한 맛을 한번
에 느낄 수 있다. 족발처럼 삶은 후 양념장을 넣어 매
콤하게 볶거나 숯불에 구워먹는다.

229

껍질(돈피)

멕시코, 필리핀 등 스페인 문화권의 치차론
Chicharon은 돼지 껍질을 말려서 팝콘처럼 바삭
하게 튀겨낸 음식이다. 돼지 껍질을 채 썰어 삶
은 뒤에 식히면 묵처럼 굳어지게 되는데 이를
돈피묵이라고 한다. 초간장에 찍어먹거나 갖은 양념
에 무치는 식으로 요리한다. 가미하지 않은 형태로 가공해
소시지 등 육가공품 제조에 활용하기도 한다.

등지방(A지방)

만두소에 들어간다. 튀김이나 볶음요리를 위한
돼지기름을 내는 데 주로 사용된다. 돼지 지방은
발열점이 높아서 튀김이나 볶음 요리 시 타지 않고 고소한 풍미를 더한다.
돼지 지방을 녹여서 굳힌 라드는 버터의 대체재로 쓰였다.

그물지방(Caul Fat)

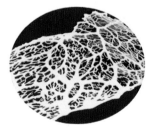

내부 장기를 둘러싸고 있는 돼지의 위장과 횡격막 사이의 그물 모양의 지방. 지방이
적은 부위를 조리할 때 지방의 풍미를 보충하는 용도로 쓰인다. 햄버거, 미트로프, 테
린 등 고기를 다져 만드는 조리를 할 때, 싸서 구우면 모양이 흐트러지지 않으면서 고
소한 풍미를 더할 수 있다.

도래창

소장에 붙어있는 복막 주름인 장간막 부분
을 따로 잘라낸 부위이다. 굵은소금과 밀
가루로 씻어낸 후 기름에 튀기고 전처리하
여 조리에 사용한다. 전골이나 구이,
볶음으로 이용된다. 곱창과 삼겹살 등이 한데 섞
인 듯한 식감과 맛을 낸다.

혈액(선지)

돼지 선지는 순대를 만들 때 주로 쓰인다. 외국에서도 선지를 활용해 블러드소시지를
만든다. 1~5℃에서 냉장 또는 냉동 보관하는데, 상하기 쉽기 때문에 구입 당일에 바
로 사용하는 것을 원칙으로 한다. 철분 성분이 풍부해 빈혈 예방에 도움을 준다.

부록

돼지의 등급 판정 기준

* 출처 : 축산물등급판정세부기준(농림축산부고시 제2018-109호)

┃ 1차 등급 판정(도체 중량과 등지방 두께 측정)

    돼지 도체 1차 등급 판정은 돼지를 도축한 후 2분할된 도체 중 왼쪽, 즉 좌(左)반도체에 대하여 다음 항목을 측정해 판정한다.

- **도체 중량:** 도축장 경영자가 측정해 제출한 도체 한 마리 분의 중량을 kg 단위로 적용한다.
- **등지방 두께:** 왼쪽 반도체의 마지막 등뼈와 제1허리뼈 사이의 등지방 두께와 제11번 등뼈와 제12번 등뼈 사이의 등지방 두께를 측정한 평균치 값을 mm 단위로 적용한다.
- 1차 등급 판정 기준에 따라 1⁺등급, 1등급 또는 2등급으로 1차 등급을 부여한다.

돼지 도체 중량과 등지방 두께 등에 따른 1차 등급 판정 기준

1차 등급	탕박 도체		박피 도체	
	도체 중량(kg)	등지방 두께(mm)	도체 중량(kg)	등지방 두께(mm)
1⁺등급	이상 미만 83 – 93	이상 미만 17 – 25	이상 미만 74 – 83	이상 미만 12 – 20
1등급	80 – 83 83 – 93 83 – 93 93 – 98	15 – 28 15 – 17 25 – 28 15 – 28	71 – 74 74 – 83 74 – 83 83 – 88	10 – 23 10 – 12 20 – 23 10 – 23
2등급	1⁺·1등급에 속하지 않는 것		1⁺·1등급에 속하지 않는 것	

2차 등급 판정(외관과 육질 등급 판정)

　외관 및 육질 판정은 비육 상태, 삼겹살 상태, 지방 부착 상태, 지방 침착도, 육색, 육조직감, 지방색, 지방질을 종합해 1^{+}, 1, 2, 등외 등급으로 판정한다.

돼지 도체 등급 판정 부위(제9조 제1항, 제10조 제1항 관련)

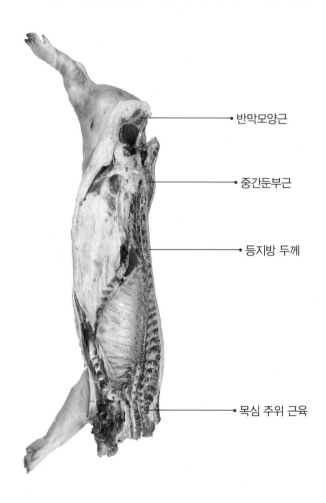

반막모양근

중간둔부근

등지방 두께

목심 주위 근육

돼지 도체 외관, 육질 2차 등급 판정 기준(제10조 제1항 관련)

판정 항목			1⁺등급	1등급	2등급
외관	인력	비육 상태	도체의 살붙임이 두껍고 좋으며 길이와 폭의 균형이 고루 충실한 것	도체의 살붙임과 길이와 폭의 균형이 적당한 것	도체의 살붙임이 부족하거나 길이와 폭의 균형이 맞지 않은 것
		삼겹살 상태	삼겹살 두께와 복부 지방의 부착이 매우 좋은 것	삼겹살 두께와 복부 지방의 부착이 적당한 것	삼겹살 두께와 복부 지방의 부착이 적당하지 않은 것
		지방 부착 상태	등지방 및 피복 지방의 부착이 양호한 것	등지방 및 피복 지방의 부착이 적당한 것	등지방 및 피복 지방의 부착이 적절하지 못한 것
	기계	비육 상태	정육률 62% 이상인 것	정육률 60% 이상, 62% 미만인 것	정육률 60% 미만인 것
		삼겹살 상태	겉지방을 3mm 이내로 남긴 삼겹살이 10.2kg 이상이면서 삼겹살 내 지방 비율 22% 이상, 42% 미만인 것	겉지방을 3mm 이내로 남긴 삼겹살이 9.6kg 이상이면서 삼겹살 내 지방 비율 20% 이상, 45% 미만인 것. 단, 삼겹살 상태의 1⁺등급 범위 제외	겉지방을 3mm 이내로 남긴 삼겹살이 9.6kg 미만이거나, 삼겹살 내 지방 비율 20% 미만 또는 45% 이상인 것
		지방 부착 상태	비육 상태 판정 방법과 동일	비육 상태 판정 방법과 동일	비육 상태 판정 방법과 동일
육질	지방 침착도		지방 침착이 양호한 것	지방 침착이 적당한 것	지방 침착이 없거나 매우 적은 것
	육색		부도10의 No.3, 4, 5	부도10의 No.3, 4, 5	부도10의 No.2, 6
	육조직감		육의 탄력성, 결, 보수성, 광택 등의 조직감이 아주 좋은 것	육의 탄력성, 결, 보수성, 광택 등의 조직감이 좋은 것	육의 탄력성, 결, 보수성, 광택 등의 조직감이 좋지 않은 것
	지방색		부도11의 No.2, 3	부도11의 No.1, 2, 3	부도11의 No.4, 5
	지방질		지방이 광택이 있으며 탄력성과 끈기가 좋은 것	지방이 광택이 있으며 탄력성과 끈기가 좋은 것	지방이 광택도 불충분하며 탄력성과 끈기가 좋지 않은 것

[부도 10] **육색** 배최장근 단면의 고기색을 육색 기준에 따라 판정

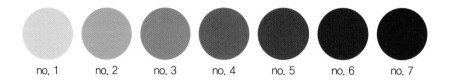

no. 1   no. 2   no. 3   no. 4   no. 5   no. 6   no. 7

[부도 11] **지방색** 배최장근 단면의 근간 지방과 등지방의 색을 지방색 기준에 따라 판정

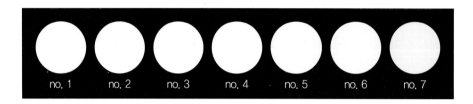

no. 1   no. 2   no. 3   no. 4   no. 5   no. 6   no. 7

결함 판정은 방혈 불량, 이분할 불량, 골절, 척추 이상, 농양, 근출혈, 호흡기 불량, 피부 불량, 근육 제거, 외상 등이 있을 경우 등급을 최대 2등급까지 하향하거나 등외 등급으로 2차 판정한다.

최종 등급은 1차와 2차 등급 판정 결과 중 가장 낮은 등급으로 결정한다. 결과는 1^+, 1, 2로 도체에 표시한다. 또 등외 등급으로 판정된 경우에는 등외를 도체에 표시한다.

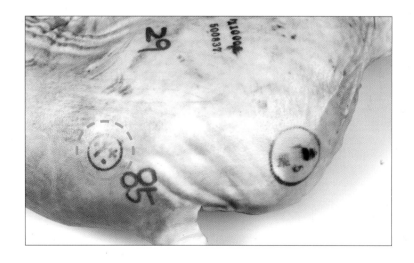

돼지 도체의 등외 등급 판정 기준

❶ 돼지 도체 근육 특성에 따른 성징 구분 방법에 따라 '성징 2형'으로 분류되는 도체

❷ 결함이 매우 심해 돼지 도체 결함의 종류에 따라 등외 등급으로 판정된 도체

❸ 도체 중량이 박피의 경우 60kg 미만(탕박의 경우 65kg 미만)으로서 왜소한 도체이거나 박피 100kg 이상(탕박의 경우 110kg 이상)의 도체

❹ 새끼를 분만한 어미돼지(경산모돈)의 도체

❺ 육색이 No.1 또는 No.7이거나, 지방색이 No.6 또는 No.7인 도체

❻ 비육 상태와 삼겹살 상태가 매우 불량하고 빈약한 도체

❼ 고유의 목적을 위해 이분할하지 않은 학술연구용, 바비큐 또는 제수용 등의 도체

❽ 검사관이 자가 소비용으로 인정한 도체

❾ 좋지 못한 돼지먹이 급여 등으로 육색이 심하게 붉거나 이상한 냄새가 나는 도체

돼지 도체 결함의 종류(제10조 제1항 관련)

항 목	등급 하향	등외 등급
방혈 불량	돼지 도체 2분할 절단면에서 보이는 방혈 작업 부위가 방혈 불량이거나 반막모양근, 중간둔부근, 목심 주위 근육 등에 방혈 불량이 있어 안쪽까지 방혈 불량이 확인된 경우	각 항목에서 '등급 하향' 정도가 매우 심해 등외 등급에 해당될 경우
2분할 불량	돼지 도체 2분할 작업이 불량해 등심 부위가 손상되어 손실이 많은 경우	
골 절	돼지 도체 2분할 절단면에 뼈의 골절로 피멍이 근육 속에 침투되어 손실이 확인되는 경우	
척추 이상	척추 이상으로 심하게 휘어져 있거나 경합되어 등심 일부가 손실이 있는 경우	
농 양	도체 내외부에 발생한 농양의 크기가 크거나 다발성이어서 고기의 품질에 좋지 않은 영향이 있는 경우 및 근육 내 염증이 심한 경우	
근 출 혈	고기의 근육 내에 혈반이 많이 발생해 고기의 품질이 좋지 않은 경우	
호흡기 불량	호흡기 질환 등으로 갈비 내벽에 제거되지 않은 내장과 혈흔이 많은 경우	
피부 불량	화상, 피부 질환 및 타박상 등으로 겉지방과 고기의 손실이 큰 경우	
근육 제거	축산물 검사 결과 제거 부위가 고기 양과 품질에 손실이 큰 경우	
외 상	외부의 물리적 자극 등으로 신체 조직의 손상이 있어 고기 양과 품질에 손상이 큰 경우	
기 타	기타 결함 등으로 육질과 육량에 좋지 않은 영향이 있어 손실이 예상되는 경우	

돼지고기의 부위별 분할 정형 기준

* 출처 : 식육의 부위별 등급별 및 종류별 구분 방법(별표 2)(식품·약품 안전처고시 제2015-103호)

대분할육 정형

부위 명칭	분 할 정 형 기 준
안 심	두덩뼈 아래 부분에서 제1허리뼈의 안쪽에 붙어있는 엉덩근, 큰허리근, 작은허리근, 허리사각근으로 된 부위로서 두덩뼈 아래 부위와 평행으로 안심머리 부분을 절단한 다음 엉덩뼈 및 허리뼈를 따라 분리하고 표면 지방을 제거해 정형한다.
등 심	제5등뼈 또는 제6등뼈에서 제6허리뼈까지의 등가장긴근으로서 앞쪽 등가장긴근하단부를 기준으로 등뼈와 평행하게 절단해 정형한다.
목 심	제1목뼈에서 제4등뼈 또는 제5등뼈까지의 널판근, 머리최장근, 환추최장근, 목최장근, 머리반가시근, 머리널판근, 등세모근, 마름모근, 배쪽톱니근 등 목과 등을 이루고 있는 근육으로서 등가장긴근하단부와 앞다리 사이를 평행하게 절단해 정형한다.
앞다리	상완뼈, 전완뼈, 어깨뼈를 감싸고 있는 근육들로서 갈비(제1갈비뼈에서 제4갈비뼈 또는 제5갈비뼈까지)를 제외한 부위며 앞다리살, 앞사태살, 항정살, 꾸리살, 부채살, 주걱살이 포함된다.
뒷다리	엉치뼈, 넓적다리뼈, 정강이뼈를 감싸고 있는 근육들로서 안심머리를 제거한 뒤 제7허리뼈와 엉덩이사이뼈 사이를 엉치뼈 면을 수평으로 절단해 정형하며 볼기살, 설깃살, 도가니살, 홍두깨살, 보섭살, 뒷사태살이 포함된다.

부위 명칭	분할 정형 기준
삼겹살	뒷다리 무릎 부위에 있는 겸부의 지방덩어리에서 몸통피부근과 배곧은근의 얇은 막을 따라 뒷다리의 대퇴근막긴장근과 분리 후, 제5갈비뼈 또는 제6갈비뼈에서 마지막 요추와 뒷다리 사이까지의 복부 근육으로서 등심을 분리한 후 정형한다.
갈 비	제1갈비뼈에서 제4갈비뼈 또는 제5갈비뼈까지의 부위로서 제1갈비뼈 5cm 선단부에서 수직으로 절단해 깊은흉근 및 얕은흉근을 포함해 절단하며 앞다리에서 분리한 후 피하지방을 제거해 정형한다.

대분할 부위 명칭	소분할 부위 명칭	분할 정형 기준
안 심	안심살	대분할 안심 부위의 분할 정형 기준과 동일
등 심	등심살	대분할 등심 부위의 분할 정형 기준과 동일
	알등심살	대분할 등심 부위에서 가운데 길게 형성되어 있는 등가장긴근(배최장근)으로서 주위 덧살을 제거해 정형한 것
	등심덧살	대분할 등심 부위에서 알등심살을 생산한 후 분리되는 근육
목 심	목심살	대분할 목심 부위의 분할 정형 기준과 동일
앞다리	앞다리살	대분할 앞다리 부위에서 앞사태살, 항정살, 꾸리살, 부채살, 주걱살을 분리해 정형한 것

대분할 부위 명칭	소분할 부위 명칭	분 할 정 형 기 준
	앞사태살	전완뼈(전완골)과 상완뼈(상완골) 일부(상완이두근)를 감싸고 있는 근육들로서 앞다리살과 분리 절단해 정형한 것
	항정살	머리와 목을 연결하는 근육(안면피근 및 경피근)으로 림프선과 지방을 최대한 제거해 정형한 것(도축 시 절단된 머리 부분의 안면피근 및 경피근도 포함)
	꾸리살	어깨뼈(견갑골) 바깥쪽 견갑가시돌기 상단부에 있는 가시위근(극상근)으로 앞다리살 부위에서 부채살에 평행되게 절단하여 근막을 따라 분리·정형한 것
	부채살	어깨뼈(견갑골) 바깥쪽 견갑가시돌기 하단부에 있는 가시아래근(극하근)으로 앞다리살 부위에서 꾸리살과 평행되게 절단하여 근막을 따라 분리·정형한 것
	주걱살	앞다리 대분할 시 분리된 앞다리쪽 깊은흉근(심흉근)으로 앞다리살에서 분리·정형한 것
뒷다리	볼기살	뒷다리의 넓적다리 안쪽을 이루는 부위로 내향근(내전근), 반막모양근(반막양근) 등의 근육으로 이루어져 있고 도가니살의 경계를 따라 넓적다리뼈(대퇴골) 윗부분을 분리·정형한 것
	설깃살	뒷다리의 바깥쪽 넓적다리를 이루는 부위로 대퇴두갈래근(대퇴이두근)으로 이루어져 있으며 넓적다리뼈(대퇴골)부위에서 볼기살, 도가니살, 보섭살과 분리한 후 정형한 것

대분할 부위 명칭	소분할 부위 명칭	분 할 정 형 기 준
	도가니살	뒷다리의 무릎 쪽에서 무릎뼈(슬개골)와 함께 넓적다리뼈(대퇴골)를 감싸고 있는 부위로 대퇴네갈래근(대퇴사두근) 및 대퇴근막긴장근으로 이루어져 있으며, 질긴 근막을 따라 설깃살과 분리하고 엉덩뼈(장골) 측면을 따라 보섭살과 분리·정형한 것
	홍두깨살	뒷다리 부분 안쪽에 홍두깨 모양의 반힘줄모양근(반건양근)으로 설깃살과 볼기살 사이의 근막을 따라 분리·정형한 것
	보섭살	뒷다리의 엉덩이를 이루는 부위로 엉치뼈(관골)를 감싸고 있는 중간둔부근(중둔근), 표층둔부근(천둔근) 등으로 이루어져 있으며 엉치뼈와 넓적다리뼈(대퇴골)를 제거한 뒤 대퇴관절(고관절)에서 엉덩뼈(장골)와 궁둥뼈(좌골)면을 기준으로 도가니살과 설깃살을 분리·정형한 것
	뒷사태살	정강이뼈와 종아리뼈(경골과 비골)를 감싸고 있는 근육들로서 근막을 따라 볼기살, 설깃살과 분리·정형한 것
삼겹살	삼겹살	제5갈비뼈(늑골) 또는 제6갈비뼈(늑골)에서 마지막 요추와 엉덩뼈(장골)사이까지의 등심 아래 복부 부위(배곧은근 및 배속경사근 포함)로서 복부 지방과 갈매기살, 오돌삼겹, 토시살을 제거하고 정형한 것
	갈매기살	갈비뼈(늑골) 안쪽의 가슴뼈(흉골) 끝에서 허리뼈(요추)까지 갈비뼈(늑골) 윗면을 가로질러 있는 얇고 평평한 횡격막근으로 갈비뼈(늑골)에서 분리·정형한 것

대분할 부위 명칭	소분할 부위 명칭	분 할 정 형 기 준
	등갈비	등심 분할 및 갈비뼈(늑골) 발골 전에 제5갈비뼈(늑골) 또는 제6갈비뼈(늑골)에서 마지막 갈비뼈(늑골) 중 등뼈(흉추)에서부터 길이 10cm 이내의 갈비뼈(늑골)쪽 부위로서 갈비뼈(늑골)를 절단하고 갈비뼈(늑골)에 늑골사이근(늑간근)과 장골늑골근 및 등심근육 일부가 포함되도록 분리·정형한 것
	토시살	갈비뼈(늑골) 안쪽의 가슴뼈(흉골)에 부착되어 횡격막(갈매기살) 사이에 노출되어 있는 근육으로 갈매기살에서 분리·정형한 것
	오돌삼겹	제5갈비뼈(늑골) 또는 제6갈비뼈(늑골)부터 마지막 갈비뼈(늑골)까지의 연골을 감싸고 있는 근육을 가슴뼈(흉골)를 제외하고 갈비연골(늑연골)을 포함해 폭 6cm 이내로 대분할 삼겹살 부위에서 분리·정형한 것
갈비	갈비	대분할 갈비 부위의 분할 정형 기준과 동일
	갈비살	갈비 부위에서 갈비뼈와 마구리를 제거해 살코기 부위만을 정형한 것
	마구리	소분할 갈비 부위에서 가슴뼈(흉골) 부분을 따라서 분리·정형한 것

외국의 돼지고기 부위별 명칭

한국		일본	미국		호주·뉴질랜드	
대분할	소분할	대분할	대분할	소분할	대분할	소분할
안심	안심살	히레	Loin	Tender Loin(MBG#415)	Tender Loin	Tender Loin
등심	등심살	로스		Loin(MBG#412E, MBG#413)	Loin	Loin
	알등심살			Acc. Loin		
	등심덧살			False Lean		
	등갈비			Back Ribs(MBG#422)		Back Ribs
삼겹살	갈매기살	바라	Pork Belly	Outside Skirt Meat	Pork Belly	Skirt Meat
	토시살			Hanging Tender		–
	삼겹살			Single Ribbed Belly/Sheet Belly(*Spare Ribs 제외)		Pork Belly
	오돌삼겹			–		*U.S Style Spare Ribs
목심	목심살	카타로스	Shoulder, BostonButt	Collar Butt(MBG#406A)	Forequarter (shoulder)	Pork Shoulder Butt
앞다리	부채살	카타(우데)		Boston Butt		Shoulder Picnic
	꾸리살					
	주걱살		Shoulder, Picnic	Shoulder Picnic CousionMeat		
	앞다리살					
	항정살		Jowl	Jowl		Pork Jowl
	앞사태살		Hock(뼈 있는 상태) ShankMeat	Shank Meat	Hock(뼈 있는 상태) ShankMeat	Shank
뒷다리	볼기살	모모	Pork Leg (Ham)	Inside Ham	Leg (Ham, HindFoot)	Hind Leg (Ham)
	설깃살			Outside Ham		
	도가니살			Knuckle		
	홍두깨살			Eye of Round		
	보섭살			*Sirloin(일부)		Rump
	뒷사태살		Hind Shank	Hind Shank Meat	Hind Shank Meat	Hind Shank Meat
갈비	갈비	스페아리브	*Spare Ribs(일부)	*Spare Ribs(일부)	Forequarter	Forequarter Ribs

* Spare Ribs는 제2번 갈비뼈부터 마지막 갈비뼈까지의 갈비뼈와 갈비연골, 마구리를 포함한 부위로, 국가마다 분할 기준이 달라 국내에서는 생산되지 않는 부위다.

* 미국의 분할기준으로 Sirloin은 국내 기준의 보섭살 일부분을 포함한다.

* 출처 : 2019 한국의 축산물 유통(축산물품질평가원, 2019), 日本食肉格付協會, North American Meat Processors Association, Australian Pork Limited

백종원의 肉육 - 돼지고기 편

1판 1쇄 발행 2022년 3월 27일
1판 4쇄 발행 2024년 11월 11일

지은이 백종원

발행인 양원석 **편집장** 김건희
책임편집 이혜인, 서수빈 **사진** 김철환
영업마케팅 조아라 박소정 한혜원

펴낸 곳 ㈜알에이치코리아
주소 서울시 금천구 가산디지털2로 53, 20층 (가산동, 한라시그마밸리)
편집문의 02-6443-8903 **도서문의** 02-6443-8800
홈페이지 http://rhk.co.kr
등록 2004년 1월 15일 제2-3726호

ISBN 978-89-255-7851-4 (13590)